500個行銷概念全圖解

圖解

U0008451

解

行銷基本力

定義解釋 × 簡明圖解 ——一本搞定上班族必備的行銷知識！

野上眞一 ——著
張嘉芬——譯

前言

　　我想很多人在工作上都需要用到行銷知識。此時，矗立在各位眼前的高牆，應該就是那些行銷術語了吧。源自美國的外來術語、取自英文單字字首而來的 3 個字母縮寫、翻譯的四字術語，個個都很難纏……。

　　我試想能否設法降低這堵高牆，於是這《圖解　行銷基本力》便應運而生。它採取的是可從第一章依序閱讀下去的編排結構。全書的鋪陳方式，能讓讀者在讀完最後一章時，對行銷有一番概略的認識。

- 本書在網路及社群媒體等數位行銷方面的著墨。
- 更深入的行銷概念解說，則是以書末附錄的形式附記在本書最後。
- 為了方便讀者在讀完全書後，方便再次查找特定用語，本書特別製作了索引，網羅書中出現過的行銷概念。

　　衷心期盼這本《圖解　行銷基本力》，能在各位讀者學習行銷知識的過程中，助各位一臂之力。

本書製作團隊代表
野上 真一

Chapter 1

行銷基礎

Chapter

市場及顧客

Chapter

3

品牌策略

Chapter

4

行銷策略

Chapter

行銷研究

Chapter

6

產品策略

Chapter

7

價格策略

通路策略

溝通策略

Chapter

數位行銷

〈書末附錄〉

編集協力／有限会社クラップス
DTP・図版／田中由美

行銷基礎

菲利浦・科特勒
（1931 年～）

行銷

　　行銷究竟是什麼呢？——我想大家對行銷所抱持的印象因人而異。尤其是當您任職的企業裡設有「行銷部」時，那麼您對行銷的印象，就會取決於這個部門所做的事。

行銷？
不就是做做市場調查，然後交個報告說「消費者的需求是這些」嗎？

不是啦！是負責打電視廣告，讓商品暢銷熱賣啦。
（我們公司的行銷部呀……）

　　這兩種說法都是行銷的一部分，但並非它的全貌。全世界對「行銷」所下的最短定義，應該是科特勒（Philip Kotler）大師所說過的這句話：「以有利可圖的方式來滿足需求」。因此，商品和服務若能滿足顧客需求，情況就會像是這樣：

哎呀！這一件真適合我。
我就買這件。

謝謝惠顧！

有了這筆生意，這個月就能付得出薪水了吧！

對了！我可以說些「您穿起來真好看」之類的花言巧語，拚命地向客人灌迷湯，藉此推銷呀！

所謂的行銷，就是以有利可圖的方式來滿足需求。

who's who

菲利浦・科特勒（1931 年～）
管理學者，被譽為「行銷之神」、「近代行銷學之父」，是世界級的行銷權威大師。著有《行銷管理》（Marketing Management）等書。

銷售

「對了！我可以說些『您穿起來真好看』之類的花言巧語，拚命地向客人灌迷湯，藉此推銷呀！」這也不是行銷，這是「銷售」。

銷售是從現有的商品或服務出發，絞盡腦汁地思考「該怎麼賣」，進而將商品或服務推銷給顧客。在發生銷售行為的店頭，這件事的確很重要。

相對地，「行銷」則是從顧客的需求出發，去思考「要推出什麼商品、該怎麼做才會暢銷」。

只要行銷做得好，情況就會像是這樣：

行銷不是靠人力「推銷」商品，而是讓商品自己「暢銷」。管理大師杜拉克（Peter Drucker）也曾說過，「行銷的目的是要使銷售成為多餘。（中略）促使產品或服務能適合顧客，並自行銷售它自己」。

who's who

行銷的目的是
要使銷售成為多餘。

彼得・杜拉克（1909 年～ 2005 年）
管理學者，被譽為「現代管理學的巨人」、「管理學之父」。一生著作等身，主要作品有《杜拉克：管理的實務》（Management: tasks, responsibilities, practices）等。

麥卡錫的 4P 理論

4P、4 個 P、行銷 4P

　　究竟該怎麼做，才能讓商品或服務自行銷售它自己呢？於是行銷學上就出現了「行銷組合」（☞ P.28）這個觀念，也就是要結合各種不同的策略，以達成行銷目標。這裡我們就先來探討「麥卡錫的 4P 理論」這種行銷組合。

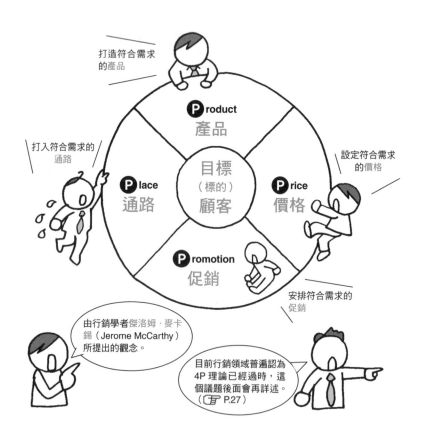

打造符合需求的產品

Product
產品

打入符合需求的通路

Place
通路

目標
（標的）
顧客

設定符合需求的價格

Price
價格

Promotion
促銷

安排符合需求的促銷

由行銷學者傑洛姆・麥卡錫（Jerome McCarthy）所提出的觀念。

目前行銷領域普遍認為 4P 理論已經過時，這個議題後面會再詳述。（☞ P.27）

　　換言之，只要打造出符合需求（☞ P.32）的產品，設定符合需求的價格，並打入符合需求的通路，再安排符合需求的促銷商品自然就會「暢銷」。只具備一項因素，例如空有優質產品，或光是價格便宜等，都無法造就「暢銷」的商品。

市場掛帥

市場導向

4P 以目標（標的）顧客為中心，像這種以目標顧客為中心來思考，進而開發、提供商品或服務的模式，稱為「市場掛帥（市場導向）」。為了解客戶需求，廠商必須進行縝密詳實的調查，再打造出目標顧客想要的商品。

產品掛帥

相對於市場掛帥，若打造的是生產方認為理想的商品，並直接予以上市銷售，這種思維就稱為「產品掛帥」。

產品掛帥的做法，是將前所未有的新商品提案給顧客。舉例來說，在臉書問市之前，恐怕沒人想過這種服務的需求竟會如此旺盛吧！以產品掛帥思維成功挖出潛在需求，產品就有可能爆紅熱賣。

顧客導向

市場掛帥，又稱為「市場導向」（market oriented）。若市場導向再更進一步發展下去，則會形成「顧客導向」（customer oriented）。

所謂的顧客導向，就是在市場上供應符合顧客需求的產品，讓顧客滿意，而自己也能從中獲利的一種思維。

打造符合需求的產品

需求、需求！

產品

顧客滿意

這就是我想要的產品！

產品

自己也獲利

多謝惠顧！

獲利

這個過程，也解釋了行銷大師科特勒（☞ P.20）對「行銷」所下的定義。他所謂的「以有利可圖的方式來滿足需求」，指的就是上述這件事。

在發展出顧客導向的思維之前，其實還有許多不同導向的觀點。從下一頁起，就讓我們稍微整理一下這些概念。

生產導向

首先要談的是最早出現的一種思維模式「生產導向」。廠商認為消費者想要的是平價的商品或服務，因此便追求以低成本大量生產平價產品。在日本的戰後重建期等階段，也曾出現過這種導向的思維。

就現今的日本市場而言，這種思維不免讓人感覺有些過時；但在開發中國家等市場上，這種觀念至今仍然管用。看看前一段時間的中國市場等地，其實就是典型的生產導向。

產品導向

相對於生產導向的思維，有些人會認為「還是得生產品質精良的產品才行」。而這種想法就是所謂的「產品導向」。廠商認為消費者想要的，是品質最佳、功能最好、前所未有的嶄新商品或服務。

然而，死守「生產出好東西就能賣得掉」的心態，儼然就像昔日的工匠師傅。在現今這個充斥各式商品和服務的時代裡，還是得稍微考量如何銷售才行。

銷售導向

接下來要談的是「銷售導向」。它是一種認為「廠商若毫無作為,消費者是不會買帳的。因此廠商要大力推銷,並推出一波又一波的促銷活動,拉抬買氣!」的思維。

行銷導向

所謂的「行銷導向」,是以顧客的需求為出發點,而非產品或銷售。

這種思維的觀念,是認為廠商不該忙著去找願意購買商品或服務的顧客,而是要提供顧客想要的商品或服務。

這種操作的困難之處,在於它先有行銷,之後才開發產品。因此以行銷導向操作產品時,都必須取得公司各相關部門的認可。

勞特朋的 4C

說穿了，由於麥卡錫（Jerome McCarthy）提出 **4P** 理論的時間是 1960 年代，如今難免顯得有些過時。

因此，美國經濟學家羅伯特・勞特朋（Robert F. Lauterborn）轉而提倡一套「**4C**」理論以取代 4P。

「顧客解決方案」探討的是如何解決顧客目前面臨的問題或課題，「顧客成本」是指顧客所支付的費用，「便利性」考慮的是配銷通路（☞ P.173）等因素是否便利，「溝通」談的是企業與顧客之間的關係，包括促銷和售後服務等。4C 堪稱是比 4P 更能站在顧客觀點思考的一套概念。

行銷組合

MM

4P 或 4C 也被稱為是「行銷組合（MM）」，意指為達成行銷目標所運用的策略組合。以 4P 為例，只要少了任何一個 P，行銷就不成立。這是操作行銷組合的基本原則。

然而，策略會因對手而改變。行銷組合也必須依對象、也就是配合顧客進行調整。

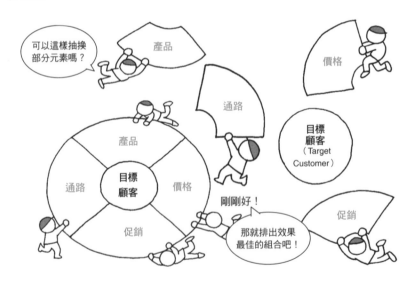

行銷組合並非各自獨立的元素。只要產品改變，價格也會跟著變動，而通路和促銷也會因應它們的變化而改變。

行銷組合組成的關鍵，在於讓 4 個元素密切相關，還能帶來最好的效果。

美國行銷協會

　　讓我們試著重新回到一開始所談的「行銷究竟是什麼」這個問題上。下圖所呈現的，應該是全球對「行銷」（Marketing）最具權威的定義。———由美國行銷協會（AMA, American Marketing Association）所提出的定義。

　　隨著時代變化，這套最初在 1940 年所提出的定義，又歷經多次修訂。下方是 2007 年修訂過後的最新版本。

美國行銷協會對
「行銷」所做的定義

行銷是創造、溝通、傳遞、和交換對消費者、客戶、合作夥伴、與整體社會具有價值的提供物的一種活動、架構和過程。

（Marketing is the activity, set of institutions, and processes for creating, communicating, delivering, and exchanging offerings that have value for customers, clients, partners, and society at large.）

這裡對應到了「產品」

那這裡是在談「通路」囉？

這裡可能是在呼應「價格」

那這應該就是對應「促銷」了吧？

　　可以發現「產品」、「價格」、「通路」、「促銷」這幾個行銷組合裡的元素，皆在這段描述當中出現相應的詞彙，可見這些元素在現今的行銷學當中仍備受重視。

　　「價格設定」（pricing）這個直接了當的表達方式，如今則改成了指涉範圍更廣泛的「交換」（exchanging）一詞。

全方位行銷

　　讓我們再談談美國行銷協會對行銷所下的定義。這裡要請各位特別關注的是「提供物」（offerings）這個說法。現今行銷已不再專屬於企業，而企業所供應的商品及服務琳瑯滿目。基於這些考量，美國行銷協會才會選用這樣的描述。

　　此外還要請各位再關注一件事，那就是這個定義當中，出現了「合作夥伴、與整體社會」。

　　當前的行銷，講究的已不僅是與顧客之間的關係而已，還要重視與供應商或通路商等協力廠商之間的關係、企業對社會的責任等。美國行銷協會對行銷的定義，恰恰反映出了這一點。

因此近年來，行銷業界倡導的是「全方位行銷」（holistic marketing）的概念。全方位（holistic）的意思是「整體的」、「綜合的」，而全方位行銷，指的就是妥善融合各種行銷活動和流程。

業界對它有很多不同的說明，其中最淺顯易懂的，莫過於以下這段由行銷大師科特勒（☞ P.20）所提出的解釋。

根據科特勒的理論，全方位行銷是由上圖這四個元素所組成的。

融合上述這些行銷活動的作為，就是所謂的全方位行銷。

需求

前方已多次提及「需求」一詞，例如「符合需求」、「需求旺盛」等，是時候該做些解釋了。……然而困窘的是「需求」一詞的確是個相當重要的行銷術語，它和它的相似詞「欲求」，已有許多不同版本的詮釋。

「需求」的詮釋① （行銷大師科特勒的說法）

> 需求（needs）就是感覺到事物有其必要性的狀態；欲求（wants）則是對具體產品或服務的欲望；需要（demand）則是可實際購得特定產品或服務的要求。

\真想有個雨天的/
\代步工具。/　需求

\要是有車就好/
\了……/　欲求

\我買得起輕型車，/
\那就買吧！/　需要

「需求」的詮釋②

> 需求是對需要的事物所萌生的欲望；欲求則是想就特定事物的附加條件做選擇的欲望。

\好想有輛車！/　需求

\那輛車真酷，就買它吧！/　需要

「②認為除了事物的必要性之外，人們還會實際就特定產品或服務做選擇，即是必要性以外的附加條件。

欲求

而「欲求」這個術語另有其他不同用法,看來彷彿是個意義截然不同的詞彙。行銷實務上,它常會用來表示以下這個意涵。

「需求」的詮釋③(在行銷實務上常用的詮釋)

> 需求是外顯的欲望,而欲求則是當事人自己尚未察覺的潛在欲望。

好想有輛車!

需求

我並不特別想要有車,但有車的確比較方便。

欲求

種子

「種子」(seeds)是常和「需求」一起出現的術語。種子這個詞的意思,指的是獨門技術、企劃能力及素材等。從顧客的「需求」出發,我們稱之為「需求導向」(☞ P.123);相對地,從企業的「種子」出發,就稱為「種子導向」(☞ P.123)。

我們因應顧客的需求,製作出了這項產品。

需求導向

我們運用獨門技術,製作出了這項產品。

種子導向

所謂的種子,當然不是指司空見慣的技術或素材。它必須要是別人所沒有的獨家,才能發展成理想的種子導向模式。

市場

Market

　市場（**Market**）是行銷學上相當重要的概念。就像我們會說「顧客需求」，同樣的，我們也會用「市場需求」這種說法。所謂市場，原本是指聚集了賣方和買方的物理上的市場，但在行銷上提到「市場」時，談的主要是有買方（顧客）存在的抽象空間。

　此外，也可用商品或服務，來為「市場」作出範圍更廣的劃分，例如相對於「電腦市場」的是「智慧型手機市場」等。此時的市場指的是從製造商到通路、消費者，所有相關角色都包羅其中的抽象空間。

　再者，也有以年齡或性別等社會因素來劃分市場的做法，而不是用商品或服務。

有時市場談的是供給或需求。

　無論在上述任何一種情況下，「市場」談的都不僅是現有的買方，它還包括了潛在買方＝顧客。這堪稱是行銷學上對市場的特有觀點。

STP

市場區隔、選擇目標市場、定位

　　一般而言，市場通常相當廣闊，廠商無力對應到市場上的所有需求。因此，首先要把市場細分來看，然後聚焦特定市場，接著再於該市場中定出一個能彰顯自己與眾不同的定位。這樣一連串的過程，分別可稱為市場區隔、選擇目標市場、定位，是一個簡稱為 STP 的理論。

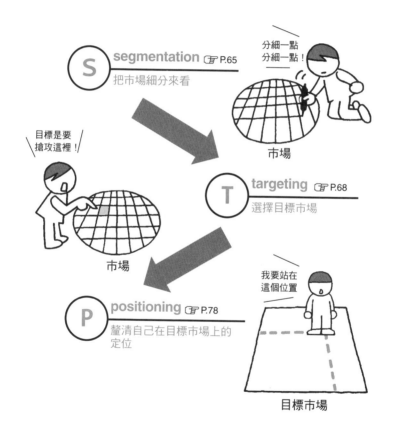

S **segmentation** ☞P.65
把市場細分來看

分細一點
分細一點！

市場

目標是要
搶攻這裡！

T **targeting** ☞P.68
選擇目標市場

市場

P **positioning** ☞P.78
釐清自己在目標市場上的定位

我要站在
這個位置

目標市場

　　STP 由行銷大師科特勒（☞P.20）所提倡，是極具代表性的行銷手法。運用這套手法，能很有效地開拓市場。手法的具體操作內容我們後續會再說明，請各位不妨先記住 STP 這個術語。

品牌

　　釐清定位，能讓「品牌」發揮強大的威力。不過，這裡所謂的品牌，指的並不是高級精品。即使是以低價著稱的超市，或是每包 100 日圓（約台幣 26 圓）的商品，只要能讓人辨別出它們與其他商品的不同，就是品牌。

你看，這是有品牌的商品喔！

不對！所謂的品牌，是指商品或服務當中，能讓人辨別出它們與其它商品有何不同的元素，舉凡名稱、標誌、象徵、設計等。

　　一旦品牌確立，顧客就會將該品牌的定位鮮明地記在腦海裡。

它雖然貴，但真的很好吃。

這家店雖然價錢便宜，但品質還不錯。

　　當顧客滿意品牌的定位時，到頭來就會對品牌產生一種近乎效忠的心態。

缺貨？不行不行，我非要用這款洗髮精不可！

這位貴賓，就算您這麼說，我也沒辦法……

　　這種心態，就稱為「品牌忠誠度」（☞ P.74）當顧客有了品牌忠誠度之後，即使還有其他商品可供選擇，顧客還是會持續購買自己效忠的品牌。對賣方而言，等於是不需任何推波助瀾，商品自然就會長銷熱賣，因此對品牌而言是求之不得的事。

顧客價值

Customer Value

顧客企求商品或服務提供的價值，稱為「顧客價值」（Customer Value）。顧客價值相當重要，當商品或服務提供的價值超越了顧客的期待，就會成為「顧客滿意」（☞ P.46）。

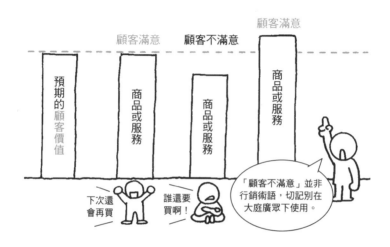

「品質」（Quality）、「服務」（Service）、和「價格」（Price），被稱為「顧客價值的三大支柱」，也有人取這三大支柱的英文縮寫，將它們合稱為「QSP」。商品或服務的設計或使用便利與否等因素，固然也很重要，但這三大支柱是顧客價值的基礎。再說，這三大支柱，也不盡然是越高越好，這才是它們最棘手的地方。

行銷管理程序

MMP

接下來介紹行銷操作的順序作為本章的總結。下頁的這張圖,是稱為「行銷管理程序(MMP)」的五個步驟。

一開始要進行的是「行銷研究」(☞ P.120),也就是各式各樣的市場調查與分析。

接下來就是STP了吧?這個我知道。

首先要細分市場對吧?

然後是選擇目標市場。

很好,再來就是行銷組合囉!

促銷　通路　價格　產品

終於要執行了,衝啊!

嘎嘎嘎嘎嘎……

最後就要評核執行的結果,以及重新通盤檢討。這個程序和 PDCA 循環(☞ P.122)一樣,要將執行結果再回饋到最初的步驟。

就這樣,接下來又會再展開下一輪的行銷管理程序,因為行銷是永無止境的。

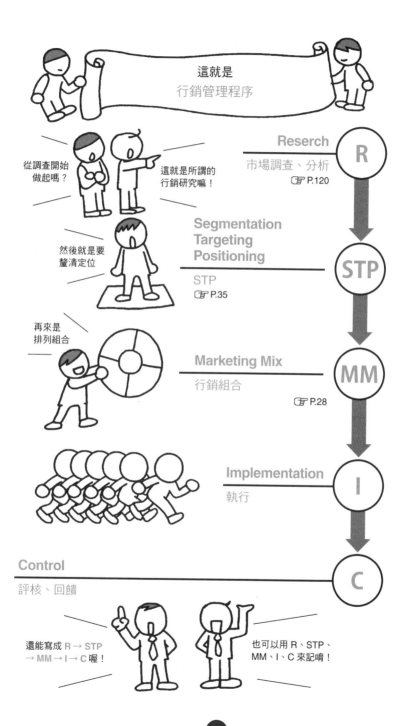

這就是
行銷管理程序

從調查開始
做起嗎？

這就是所謂的
行銷研究嘛！

Reserch
市場調查、分析
☞ P.120

R

然後就是要
釐清定位

**Segmentation
Targeting
Positioning**
STP
☞ P.35

STP

再來是
排列組合

Marketing Mix
行銷組合
☞ P.28

MM

Implementation
執行

I

Control
評核、回饋

C

還能寫成 R → STP
→ MM → I → C 喔！

也可以用 R、STP、
MM、I、C 來記唷！

市場及顧客

希奧多・李維特
（1925 ～ 2006）

利益

Benefit、利益與價值

　　購買商品或服務時，顧客企求的究竟是什麼呢？在行銷的世界裡有句很著名的格言。

　　「會來買鑽孔機的人，想要的並不是鑽孔機，而是『洞』」。

　　這句話是李維特（Theodore Levitt）教授在 1968 年，於他的著作《行銷模式》（*The Marketing Mode*）當中介紹的概念，後來成了名滿天下的一句經典格言，傳頌至今。

　　換言之，乍看之下顧客想要的是鑽孔機，但其實他所企求的，是要用鑽孔機來鑽洞，也就是要它所帶來的效果。

　　這些顧客對商品或服務所企求的價值、效果、效用等，在行銷術語上稱之為「Benefit」，一般譯為「利益」或「利益價值」。

以商品或服務來看
顧客來買的是
鑽孔機
這項工具

就利益而言
顧客其實是想要
鑽洞
這個效果

who's who

顧客想要的
不是鑽孔機，而是「洞」

希奧多・李維特（1925～2006）

美國行銷學者，與菲利浦・科特勒並稱兩大巨擘。李維特的著作、論著甚豐，包括〈行銷短視症〉（*Marketing Myopia*）、《行銷模式》（*The Marketing Mode*）等。

賣方不能認為自己只是在賣商品或服務。利益本身是無形的，因此賣方要將它化為商品或服務，並透過向顧客提案、甚至是提供商品或服務，賦予利益形體。

李維特教授實際在書中提及的，其實是旁人對他說的這段話：

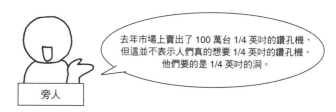

去年市場上賣出了 100 萬台 1/4 英吋的鑽孔機，但這並不表示人們真的想要 1/4 英吋的鑽孔機，他們要的是 1/4 英吋的洞。

旁人

附帶一提，李維特教授在鑽孔機的話題之後，接著又介紹了一段露華濃（Revlon）公司總經理的談話。這段話帶有一些夢想的成分，或許更適合用來向女性說明何謂利益。

我們雖然在工廠裡生產美妝產品，在店裡賣的卻是一個變美的希望。

露華濃公司總經理

行銷短視症

若忽略了顧客所企求的是利益，就會招致很慘烈的下場。李維特教授舉的例子是一家美國的鐵路公司。這家公司因為堅守鐵路運輸事業，沒跟上汽車及飛機普及的時代變化，事業就此一蹶不振。

本公司提供的是鐵路列車的運行服務！

可是乘客想要的利益，是移動到目的地……

〈行銷短視症〉這篇論文，把企業這樣的誤解稱為是「行銷短視症」。

顧客知覺價值

用了「利益」之後，很多行銷上的問題也跟著豁然開朗。「顧客價值」（☞ P.37）就是這樣的一個例子。顧客期待商品或服務該有的品質、服務、價格、及其他所有利益加總起來，就可估算出「顧客總價值」。

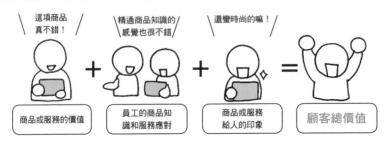

這項商品真不錯！	精通商品知識的感覺也很不錯	還蠻時尚的嘛！	
商品或服務的價值	員工的商品知識和服務應對	商品或服務給人的印象	顧客總價值

再者，估算顧客花在商品或服務上的所有成本——包括心理上的成本，就可得出「顧客總成本」。

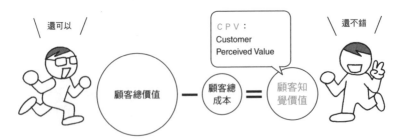

有點貴耶	不去店裡就買不到嗎？	沒聽過的品牌耶？沒問題嗎？	
商品或服務的金錢成本	所費時間和手續的成本	心理上的成本	顧客總成本

用顧客總價值減去顧客總成本，就可得知顧客對商品或服務所感受到的價值——顧客的「知覺價值」（CPV）。

還可以

CPV：Customer Perceived Value

顧客總價值 — 顧客總成本 = 顧客知覺價值

還不錯

就讓我們一起思考如何運用這個顧客知覺價值的概念，讓顧客感受到更高的價值，進而提高商品或服務的顧客價值吧！

第一個方法，是提高算式左側的顧客總價值，也就是要推升品質及服務等利益價值。

說穿了，這些其實應該是廠商原本就已致力改善的元素，商品的形象等恐怕也很難在一時半刻之間改變。不過，只要改善員工的商品知識或服務應對等項目，或許就能提高利益價值。

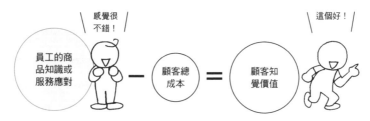

第二個方法就是壓低算式右側的顧客總成本，也就是要降低顧客購買時的金錢成本＝調降價格。

然而，要調降商品或服務的價格並不容易。因此，不妨考慮減少顧客購買時所費的時間和手續。

知覺價值的概念，亦可運用在價格設定等方面（☞ P.160）。

顧客滿意

CS

　「顧客滿意」（CS）也是一個從知覺價值來切入思考，就能簡單理解的概念。簡而言之，所謂的顧客滿意，指的是相對於購買前對商品或服務所抱持的知覺價值期待，顧客在實際購買後的感受如何？也就是顧客自己在比較之後所給的評價。若評價是一如預期、或甚至超越期待，就能達到顧客滿意。

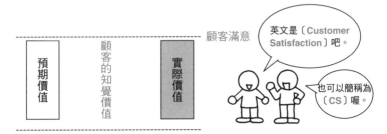

　不過，在行銷操作上，處理顧客滿意時須特別留意。舉例來說，假設現在打了一波很有吸引力的廣告，推升了顧客對知覺價值的期待。此時顧客滿意會呈現什麼狀況呢？

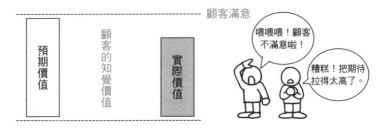

　短線的營業額的確會成長，但顧客滿意度會下降。然而，做個普普通通的廣告，營收表現也只會普普通通……。要跳脫這個兩難，唯有多方嘗試前頁提過的方法，提升顧客實際的知覺價值。

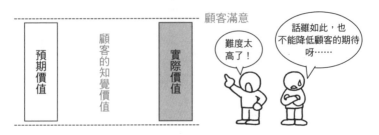

顧客終身價值

LTV、或稱 CLV（Customer Lifetime Value）

　　同樣是探討「顧客價值」的術語，「顧客終身價值」（LTV）則是賣方所看到的顧客價值，也就是顧客能為賣方帶來多少獲利——而且還是顧客一輩子所貢獻的獲利。它有幾種不同的計算方式，其中最簡單的是以下這個算式：

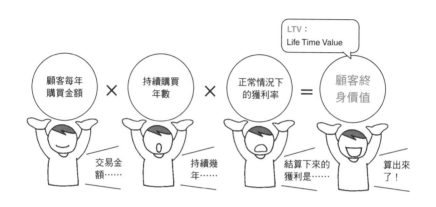

　　要爭取顧客需要投入一定的成本，減去這些成本之後，算出來的就是獲利。爭取顧客之際究竟可以投入多少成本、需達到多少購買金額等數字，可用以下的方式來計算。

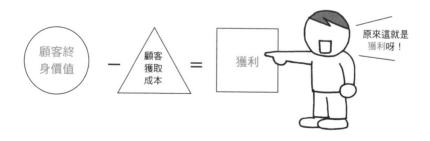

　　計算出顧客終身價值之後，結果往往會發現與其爭取新顧客，不如繼續守住現有顧客，獲利表現會更好。

顧客權益

「顧客權益」（Customer Equity）原文當中的「Equity」意指純資產，因此「Customer Equity」直譯為中文就是「顧客資產」。這個名稱，透露了「對賣方而言，顧客就是一種資產」的思維。

顧客大人，您就是本公司的財產！

嘴巴還真甜。

他說的沒錯。將顧客視為公司的資產，正是「顧客權益」的概念。

其實所謂的顧客權益，就是前面提過的顧客終身價值的總合。因此，顧客權益可透過提高顧客單次購買金額、增加全年選購次數，提升每人平均年度購買金額等方法，來加以推升。

顧客忠誠度

還有一個增加顧客權益的方法。誠如各位在前頁的算式當中所見，這個方法就是拉長顧客持續購買的年數。換言之，廠商希望顧客永遠都是自己的顧客，願意持續購買自己的商品或服務。

我只用你們公司的商品。

謝謝！

持續購買，儼然就像是在宣誓效忠似的心態，就是「顧客忠誠度」。

顧客持續購買，儼然就像是在對商品或服務宣誓效忠似的。顧客的這種心態，就稱為「顧客忠誠度」。

顧客關係管理

「顧客關係管理」（CRM）是為了讓顧客更長期、持續地購買更多商品或服務時，常會用到的一個手法，英文全名是 Customer Relationship Management。

它主要的內涵，是建立顧客資料庫，記錄並管理顧客資訊及過往消費等，以期與顧客建立長期的關係。

這樣的思維其實過去一直都有，只不過 IT 技術的日新月異，讓它得以落實成真。

顧客佔有率

「市佔率」指的是在市場的佔有率，而顧客佔有率的英文則是「wallet share」，意指「荷包佔有率」。這種思維，談的是企業在一位顧客的荷包（支出）當中，究竟搶得多少佔比。

就市佔率的角度而言，開拓新顧客固然是不可或缺之舉，但成本也會因此而墊高。在成熟市場當中，透過 CRM 等手法來提高顧客忠誠度，提高自家企業在現有顧客的荷包裡搶攻到的佔比，會比開拓新顧客更有效。

購買行為

顧客究竟是如何選購商品的呢？顧客作為消費者選購商品或服務時表現的行為，就稱為「購買行為」。在購買行為當中，重要的包括探討消費者受到哪些影響而決定購買的「主要因素」和「購買動機」，以及消費者決定購買的過程，也就是「購買行為過程」等。

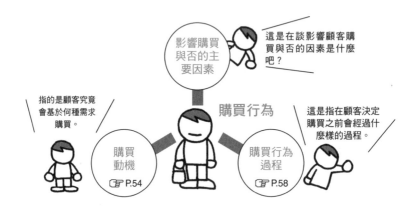

首先，讓我們來看看影響顧客購買與否的「主要因素」。主要因素大致上可分為三類。

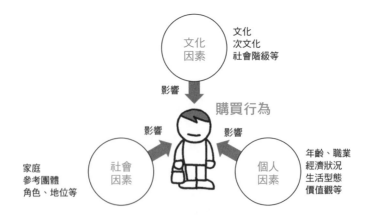

所謂的文化因素，指涉範圍包括文化本身和次文化。此時所談的次文化，指的是文化體系組成元素當中的小規模文化。而所謂的上流或中流等社會階層，也屬於文化因素。

在「社會因素」當中，又以家庭的重要性最高，因為我們在小時候會受到父母的影響，長大之後則會受到伴侶或子女的影響。「參考團體」這個因素，會留到下一頁再詳談。至於社會上的角色或地位，舉例來說，公務員或總經理的身分，當然也會影響這些人所選購的商品或服務。

而「個人因素」則是指每個人的特質。從年齡、職業、經濟狀況等顯而易見的因素，到生活形態、價值觀等不易一眼看透的因素等，都包括在內。

參考團體

「參考團體」是影響購買行為的社會因素之一，它指的是會直接或間接影響消費者行動的幾個團體。

舉凡家人或親近的朋友等，屬於私交層面者，稱為「初級團體」；而地方上的村里自治會或公司等，比較公務性質，關係不太深厚的團體，就稱為「次級團體」。

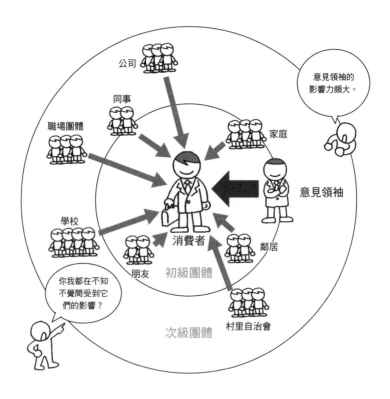

參考集團會透過日常對話等途徑，向個別消費者傳達商品或服務的資訊、生活型態等，或改變他們的價值觀。就某些層面來說，消費者在選購商品或服務時，也在不知不覺之間，和參考團體做出了相同的選擇。

不論如何，參考集團有時的確會大大地影響消費者的購買行為。

意見領袖

在參考團體當中，多半都有「意見領袖」的存在。意見領袖嫻熟某個領域的資訊，在你我選購商品時會提供建議。例如知名部落客等，就是一種意見領袖。

在行銷操作上，意見領袖是個很重要的角色。將廣告或公關（☞ P.204）等消息提供給意見領袖，能更有效率地將資訊傳達給隸屬於同一參考團體內的消費者。

生命週期

在行銷上，「生命週期」（Life Cycle）被視為是個人因素，因為年齡不同，購買的商品或服務也會有所不同。

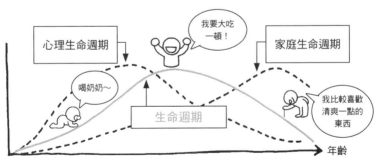

即使年齡相同，家有年幼小孩的人，和小孩已長大成人者，買的東西應該也不太一樣（家庭生命週期）。此外，心境年輕的人和老成的人，會買的東西也不同（心理生命週期）。這些因素都會影響購買行為。

馬斯洛需求層次理論

在購買行為當中所謂的「購買動機」，可分為基本動機和實際選擇商品的相關動機，在此謹先說明基本動機。

「馬斯洛需求層次理論」是與人類行為動機有關的著名學說之一。根據這個理論，人類的需求可依緊急程度高低，分成金字塔型的五個層次，層層相互堆疊。

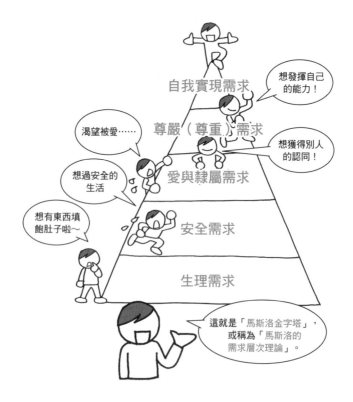

這個需求層次理論，是由美國心理學家亞伯拉罕 · 馬斯洛（Abraham Maslow）所提出的理論。

以這個金字塔的結構而言，層次越低，越是屬於基本需求；層次越高，需求的境介就越高。當一個層次的需求得到滿足之後，人們就想追求更高層次的欲望。這就是人類的動機。

需求層次理論

馬斯洛原文用的是「needs」，這裡我們將它譯為「需求」。根據馬斯洛的理論，人只要滿足了低層次的需求，它就會化為追求更高層次需求的動機。反之，若「安全需求」未獲滿足，便不會產生「自我實現的需求」。

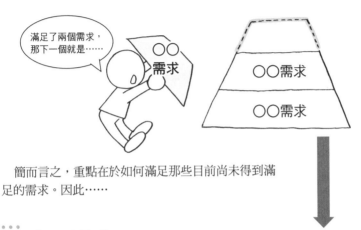

簡而言之，重點在於如何滿足那些目前尚未得到滿足的需求。因此……

生理需求

第一層次的需求是「生理需求」。它們是為了滿足人類生存所需，是人類最基本的需求，或也可說是一種本能的需求。舉凡飲食及睡眠等，都屬於這個層次。

餐點飲食或寢具等，都可滿足人們在這個層次的需求。但在現今這個物質過剩的日本社會，人們追求的是超乎生理需求的美味和舒適好眠。若能滿足這個層次的需求，接著就是……（接下頁）

安全需求

　　第二層次的需求是「安全需求」，也就是趨吉避凶，追求安全、安心生活的需求，會在人們心裡油然而生。除了自身的身體、生命安全之外，人們還會想追求家庭及財產等方面的安全。

想保護自己免於危險！

真想過安心、安全的生活吶！

　　精神上的安全，換言之就是經濟上的安全、或對將來的安心等，也都屬於安全需求的範疇。保險之類的服務，堪稱是因應人們這些需求而生的商品。若能滿足這個層次的需求，接著就是……

愛與隸屬需求

　　需求的第三個層次是「愛與隸屬需求」。到了這個階段，人們內心才會開始萌生社會需求，也就是想有歸屬，想在社會上有個容身之處，不願孤獨一人，渴望被愛等需求。

好想加入那群人喔！

好想受到大家的喜愛喔！

　　團體服和制服等，可說是撩撥人們歸屬需求的商品。若能滿足這個層次的需求，接著就是……

尊嚴（尊重）需求

第四層次的需求是「尊嚴（尊重）需求」。

在這個階段人們內心萌生的需求，已不再只是想隸屬於某些團體，更想在團體當中得到認同，獲取尊敬。

人們起初會以獲得他人認同為目標，但最後終將發現更重要的是自己對自己的認同。若能滿足這個層次的需求，接著就是……

自我實現需求

需求的第五個層次是「自我實現的需求」。

人們想充分發揮自己的能力，想實現各種可能，想成為自己的理想形象，諸如此類的需求，都會反映在這個層次。

附帶一提，馬斯洛晚年又提出在「自我實現需求」層次之上，還有「超自我實現需求」的論述。

AIDMA 法則

將消費者從承認商品或服務的存在，到最後出手購買的一連串過程，分成不同階段來呈現的手法，稱為「購買行為過程」或「購買決策過程」。而其中最著名的理論，就是由美國的山姆 · 羅蘭 · 霍爾（Samuel Roland Hall）所提出的「AIDMA 法則」。

消費者要先看到（注意）商品或服務，並對它表示關注（興趣）後，進而想取得（欲望）它，再記住（記憶）這項商品或它的品牌，最後終於出手購買（行動）。

AIDA 法則

在美國，據說 AIDA 法則是比 AIDMA 更廣受運用的工具。這套由美國心理學家愛德華 · 史壯（Edward Strong）所提出的法則，匯整了顧客面對推銷時的各個心理階段。

推銷商品或服務時，首先要吸引顧客的注意（注意），接著再介紹商品，引起顧客的興趣（興趣），然後再引導顧客萌生「想要這個商品」（欲望）的念頭，最後讓顧客掏錢買下（行動）。

AISAS 法則

相對於 AIDMA 或 AIDA，消費者在網路上的購買行為，則可用「**AISAS 法則**」來呈現。它是由日本的廣告代理商──電通等企業所提出的概念，目前已註冊為電通的商標。

到注意、興趣為止，都和既往的概念相同，但網路使用者只要對商品產生興趣，就會先 google 一下（搜尋）。若真的喜歡，就會立即在網路下單、付款（行動），最後在社群網站等平台分享自己對商品的評價（分享）。

AIDCA 法則

此外，「**AIDCA 法則**」所呈現的則是直效郵件等直效行銷（☞ P.208）的購買行為。AIDMA 的「記憶」在這裡變成了「確信」。

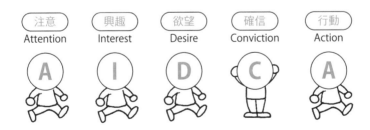

直效行銷能傳達的資訊，比廣告等工具更詳細，特色是顧客會以「下單」的形式給予回應。它能讓顧客懷抱「確信」──確信商品很好，並決定出手購買。

大眾行銷

　　誠如前面所提，市場上就是會有會有如此多樣的消費者，從事各式各樣的購買行為。以往一提到行銷，最主流的操作方式就是大量生產、大量銷售，之後大張旗鼓地宣傳。這樣的行銷手法，就稱為「大眾行銷」。

市場

就是一個
市場～

大眾行銷

　　大眾行銷可以開拓最廣闊的市場，並因此而將成本壓到最低，故可以低價供應商品或服務，也能為賣方帶來龐大的獲利，具有「百利而無一害」的優點。
　　然而大量生產、大量銷售的時代，並不會延續千秋萬世。

小眾行銷

在消費者的型態多樣化，購買行為也日趨複雜的現代，想憑大眾行銷成功，難度越來越高。畢竟顧客尋求的是「小眾行銷」，也就是一個和大眾行銷相對的概念。

在小眾行銷當中，並不會將市場視為一個整體，而是將它細分（segmentation）來看。

市場

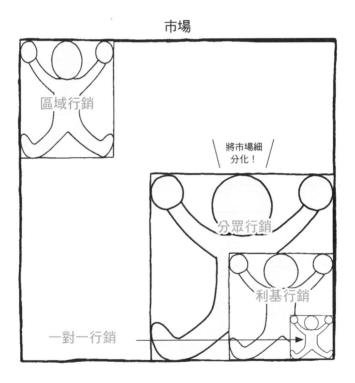

提出 STP（市場區隔、選擇目標市場、定位）（☞ P.35）手法的行銷大師科特勒，認為小眾行銷可分為上圖所示的四個層級。

這四個層級，都是從大眾行銷視為耕耘對象的一整個市場當中，再加以細分出來的。就讓我們依序來看看這四個層級。

分眾行銷

　　首先將一整個市場仔細「區隔」（segment）來看。這個動作稱為「分眾行銷」。然而，例如在車市當中，無法單以「年輕族群」來劃分出一個區隔，因為即使同樣需要買車，對車的需求條件也各不相同。

　　區隔市場時，須將有同樣需求及欲求的消費者劃分為同一區隔。

「年輕族群」的購車市場

買車當然要看行駛性能囉！尤其是操控性……

重視行駛性能

你看，這種設計有型的車，就是要像這樣才對！

重視設計

買車當然要買德國車呀！高速行駛時的穩定性極佳！

重視品牌

車子就是個日常代步的工具，總之便宜就好囉！

重視價格

　　操作分眾行銷時的重點，在於像以上這樣，先將市場細分為適當的區隔，再準確地判斷究竟要以哪個區隔為目標（☞ P.68）。

　　但如果只是將市場做出細分，再從中選出一個適當的區隔，則稱不上是分眾行銷。

利基行銷

利基（Niche）的原文是「縫隙」之意。而「利基行銷」是指鎖定比「區隔」更狹小、宛如縫隙般的市場，所進行的行銷操作。將市場區隔再加以細分，即可分出「次區隔」。

提到汽車，就讓人想到跑車浪漫旅（Gran Turismo）系列的電玩遊戲。我想找符合這個名稱風格的車……

已為您準備好了。

利基市場只會（只能）有一、兩家公司投入，是個極小的市場。相對地，這個市場的消費者，對於能滿足自身需求的商品或服務，很願意支付較高的溢價。

區域行銷

「區域行銷」指的是特別針對區域需求考量的行銷操作。這種行銷手法的目標，是希望盡可能貼近區域裡的每一位顧客，並配合顧客特質操作行銷。

這附近常下大雪，但道路寬度卻都很窄。

已為您準備了適合在雪地上行駛的小型車。

一對一行銷

　　將市場不斷細分之後，最終會分析出「個人」。配合每位消費者的需求，進行個別的行銷操作，就是所謂的「一對一行銷」（One-To-One Marketing）。

　　這種行銷操作，就是和許多顧客分別建立一對一的關係（至少從顧客端看來是如此），例如配合顧客需求呈現客制化內容等手法，都屬於一對一行銷。

客製化

　　「客製化」（customization）也是所謂的「顧客導向」，意指每位顧客都可自行調整商品或服務的部分、甚至全部的一種生產模式。目前透過資訊科技的運用，已可用低成本做到客製化。

市場區隔

Market Segmentation、市場細分

當確定採用何種層級來區隔市場之後，接下來就進入將具體市場予以細分（市場區隔）的階段。

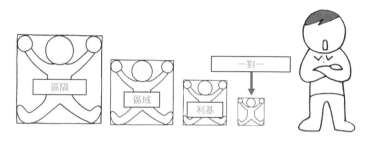

實際進行市場區隔時，需考慮各種不同的條件。大致可歸類為以下四種變數。

這些變數當中，「地理」包括了人口及氣候等條件；而「行為」則不僅限於購買行為（☞P.50），而是廣泛地將各種消費者行為都列為區隔的變數。

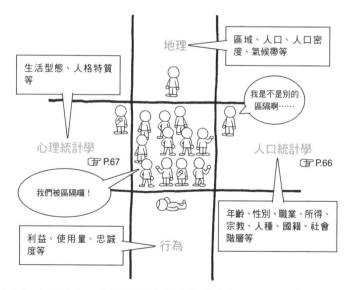

至此為止的動作，在行銷學上稱之為「市場區隔」、「Market Segmentation」或「市場細分」，是 STP（☞P.35）的第一個階段。

人口統計學

在進行市場區隔時所使用的資料當中，有些可用數字或分類來呈現。可用數字或分類來呈現的資料當中，最具代表性的就是「人口統計學」，也就是英文的 Demographics。

年齡、性別、職業、所得、已婚或未婚、家戶人數、家庭生命週期、教育水準、宗教、人種、國籍、社會階層等

這些是主要的人口統計特性

這些變數稱為「人口統計特性」（Demographic Characteristics）。它是一種運用簡便的資料，在行銷操作上經常使用。

人生階段

雖然人口統計特性是一種運用簡便的資料，但在使用上仍有需留意之處。例如就生命週期（☞ P.53）來看，即使是同一個人，在出社會、結婚、生子、退休等時期，都會有些差異。

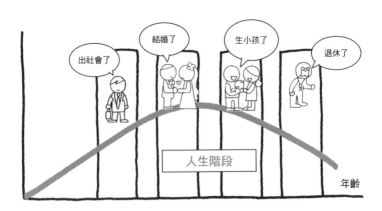

出社會了

結婚了

生小孩了

退休了

人生階段

年齡

心理統計學

至於那些無法用數字或分類來呈現的，就稱為「心理統計學」，英文是 Psychographics。如下圖所示，當我們提到人的生活型態、人格特質等項目時，的確會令人不知該如何分類。

生活型態、人格特質（個性）、價值觀、喜好、信念、購買動機等

這些是主要的心理統計特性

即使是人口統計特性相同的族群，當中還是會有不少人做出不同的購買行為；反之，有些人雖然人口統計特性不同，卻會做出相同的購買行為。這一切都是因為受到「心理統計特性」的影響。

生活型態

人口統計特性當中最具代表性的一項，莫過於「生活型態」（lifestyle）了吧？它原本是社會學上的議題，如今在行銷領域也經常運用到這個概念。

目前已有人開發出「生活型態分析」這種調查手法，用生活型態的幾個面向，將消費者分為幾個群體，再分別找出適合各個群體的行銷方式。這種手法現已成為行銷上相當重要的工具。

選擇目標市場

完成市場區隔之後，就要評估究竟哪一個區隔對自己最有利，篩選出目標（標的）。這就是STP（☞ P.35）中的「T」階段，也就是「選擇目標市場」。

篩選目標時，要留意兩個因素：一個是該區隔現有的吸引力，另一個則是賣方的經營目的和經營資源（人力、物力、財力等）。若選出的目標市場與企業的經營目的不符，便無法切入該區隔市場。此外，有時也可能會因為經營資源不足，而使企業無法切入篩選出來的區隔。

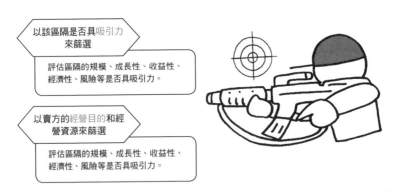

以該區隔是否具吸引力來篩選
> 評估區隔的規模、成長性、收益性、經濟性、風險等是否具吸引力。

以賣方的經營目的和經營資源來篩選
> 評估區隔的規模、成長性、收益性、經濟性、風險等是否具吸引力。

如此選出來的區隔，稱之為「目標市場」或「目標顧客」。而目標市場的選擇，則有以下五種模式：

單一區隔集中化

首先是集中火力搶攻單一區隔，投入一項商品或服務的模式。這種模式就是讓小型企業也能和大企業互別苗頭的「集中策略」（☞ P.113）。

不過，萬一該品類出現鉅變，所有付出可能都會血本無歸。

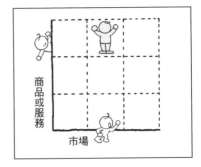

選擇性專業化

若經營資源寬裕時，最好選擇幾個區隔同時切入，比較保險。只要能選到具吸引力的區隔，縱然它們之間毫無關聯也無妨，只要每個區隔市場都能貢獻營收和獲利即可。這套策略的好處，是可以分散風險。

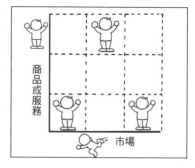

產品專業化

若賣方投入市場的是強棒商品或服務，也可選擇同時搶攻幾個相關的市場區隔。不過，因為這幾個市場都有相關性，當其他廠商推出劃時代的商品或服務時，就有遭受重創之虞。

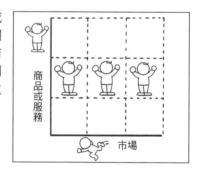

市場專業化

若賣方的強項並非產品專業化，而是在市場上佔有優勢，例如原本就在幾個市場區隔裡佈有強大的銷售網絡時，亦可選擇將多個相關的產品或服務一併投入市場。然而，這種做法的風險，在於市場本身的萎縮。

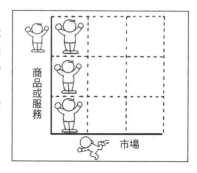

全市場涵蓋

在每一個市場區隔都投入大量商品或服務的做法，稱為「全市場涵蓋」（Full Market coverage）。這是擁有豐富經營資源的大企業才能選用的「強者策略」（☞ P.116），一般企業難以選用。

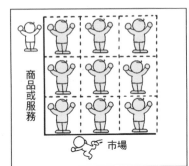

品牌策略

麥可・波特
（1947年～）

品牌識別

所謂的「品牌」指的究竟是什麼呢？美國行銷協會（☞ P.29）的定義是：「品牌乃是一個名稱（name）、詞句（term）、符號（symbol）、或設計（design），或是以上的組合使用，用來標示賣方所提供的產品或服務，使其有別於其他的競爭者」（節錄）。這些都是品牌所具備的要素，而可以此識別的就是「品牌」。

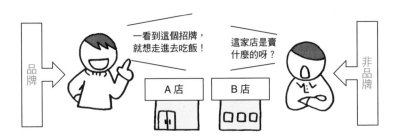

換言之，當消費者與顧客能辨別該項商品或服務與其他廠商不同時，此商品或服務就成了一個「品牌」。

那消費者與顧客又是從何辨認的呢？換句話說，賣方希望消費者與顧客認為它們哪裡與眾不同，那些不同之處，就稱為「品牌識別」（Brand Identity）。

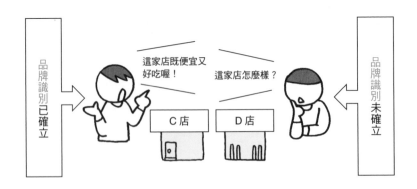

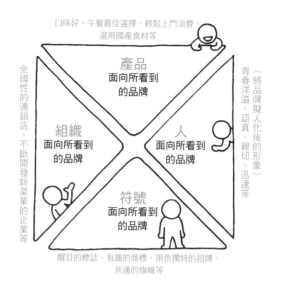

如上圖所示，從這四個面向所看到的特色，就是消費者與顧客看到的品牌識別。

品牌形象

消費者與顧客會用品牌及其相關的各種因素，在腦海中為各品牌建立一定的形象，這就是所謂的「品牌形象」。

大衛・艾克（1936年～）
美國的管理學者、行銷顧問，也是品牌策略界的第一把交椅。著有《管理品牌權益》（*Managing Brand Equity*）《品牌行銷法則：如何打造強勢品牌》（*Building Strong Brands*）等多部作品。

品牌建構

賣方為了讓自己所勾勒的品牌形象深植消費者與顧客心裡，必須做出一些策略性的作為，而這就稱為「品牌建構」。

若能做好品牌建構，以往未受消費者及顧客認知的商品或服務、標誌及商標、廣告標與與設計等元素，全都會連結起來，成為一個「品牌」。

品牌忠誠度

品牌建構能讓商品或服務得到品牌力量的加持。而所謂的品牌力量是什麼呢？顧客的「品牌忠誠度」心態，便是一例。

品牌權益

當品牌擁有品牌忠誠度高的顧客等條件，品牌就有了力量，而這些力量就會是有價值的企業資產。這樣的企業資產我們稱之為「品牌權益」（Brand Equity）。品牌權益由四個要素構成，品牌忠誠度也是其中之一，但首先要有「品牌認知」，也就是要先讓大眾對品牌有正確的認識。

其次是「知覺品質」，也就是要讓顧客認為商品或服務的品質卓然出眾。

第三個要素是「品牌忠誠度」，第四個則是「品牌聯想」，也就是指品牌的形象，會擴及到同品牌的其他商品或服務上。

這種認為品牌和企業的經營資源——人力、物力、財力同樣具有價值的思維，就是品牌權益的概念。

品牌階層

品牌是有階層的，大到整個企業品牌，小到單一商品，都是品牌。行銷領域對於「品牌階層」（Brand Hierarchy）有許多不同的觀點，在此謹介紹分為五個階層的說法。

首先，企業名稱成為品牌者，稱為「企業品牌」（corporate brand），「Google」就是屬於這一類。

其次，在同一企業當中，有時會以事業體為單位來建立品牌。例如日本的太陽企業（TAIYO ENTERPRISE）這家公司，旗下就有「mister Dount」和「牛角」等「事業品牌」（business brand）。

而「家族品牌」（family brand）則是使用一個品牌橫跨好幾個產品品類。例如由日本 7-Eleven 所推出的「黃金○○系列」，就屬於這一類。

用一個品牌，來匯集從核心產品所衍生出來的各式商品，就稱為「產品群品牌」。日清食品的「CUP NOODLE」，後來衍生出了「咖哩」、「海鮮」等商品，就是一個很好的例子。

此外，為每項產品創設一個品牌的做法，則稱為「產品品牌」（product brand）。舉凡日果威士忌（Nikka Whisky）公司旗下的「單一純麥威士忌余市」（SINGLE MALT YOICHI）等，就是屬於這一類的品牌。

品牌策略

品牌既然有階層之分,「品牌策略」(Brand Strategy)當然就不能一體適用。究竟何時該祭出何種階層的品牌?一般常用的策略有四種。

①以個別商品為品牌

→它的優點在於:產品評價好壞,均不會直接連結至企業名稱。換言之,當產品失敗,或廉價出清,都不會影響企業的評價。企業可改用其他產品重新出發。

②以單一事業、家族、產品群為品牌

→這樣一來,就不必在每次推出新產品時重新命名,可撙節命名所需的市調費,和提升名稱認知度所需的廣告費等費用。塑造出好的品牌形象之後,後續推出的新產品也可望同樣暢銷。

③以多個事業、家族、產品群為品牌

→當一家企業同時生產多種截然不同的產品時,用這種品牌策略最方便。例如一家同時經營甜甜圈、燒肉和居酒屋的公司,只要將它們分別歸屬在不同的事業品牌即可。

④搭配企業品牌

→當企業品牌形象不錯時,可利用這樣的優質形象。加在企業名稱後方的產品名稱可以是一般名詞,這樣也可不必為新商品逐一構思產品名稱。

品牌定位

對品牌而言，「品牌定位」（Brand Positioning）至關重要。所謂的品牌定位，就是緊接在 STP 的第三階段——選擇目標市場（☞ P.68）之後，在目標客群的腦中站定一個特定的位置。換言之，品牌定位取決於當顧客在比較商品或服務時，賣方究竟希望顧客如何看待自家的商品或服務。

最便宜的就是這個啦！

功能最強的是這個吧！

這個的設計比較好吧！

最受歡迎的可是這個喔！

性價比好的是這個唷！

這個是知名品牌。

KBF

品牌定位的重點，在於考慮「與其他商品或服務比較時」的思維。品牌本來就是用來「與其他的競爭者做出差異化」（☞ P.80），因此「KBF」就顯得格外重要。

例如
「口味好」
「有益健康」
「價格便宜」
等

KBF（Key Buying Factors）意指「關鍵購買因素」，是消費者在決定是否選購商品或服務時的關鍵因素。

進行品牌定位時，會以 KBF 為準據。然而，目標顧客不同，KBF 也會隨之改變，需特別留意。

定位圖

在考慮品牌定位之際，經常會運用到「定位圖」（positioning map）這套手法。在使用定位圖時，會先詳加評估目標顧客的 KBF，再從中選出兩個相關性低的因素，設定為定位圖的縱軸與橫軸。此處用「以年輕女性為目標顧客的智慧型手機」為例，思考它的定位圖會呈現何種情況。

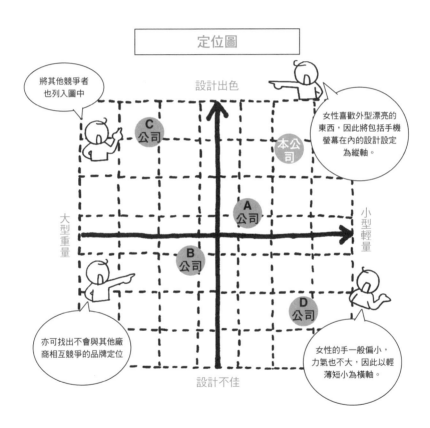

定位圖

將其他競爭者也列入圖中

設計出色

女性喜歡外型漂亮的東西，因此將包括手機螢幕在內的設計設定為縱軸。

C公司

本公司

A公司

大型重量

小型輕量

B公司

D公司

亦可找出不會與其他廠商相互競爭的品牌定位

女性的手一般偏小，力氣也不大，因此以輕薄短小為橫軸。

設計不佳

像這樣製作出定位圖之後，就能釐清自己與其他廠商的差異，祭出主打強調「輕薄短小、外型漂亮」的行銷。從定位圖當中亦可檢視是否有其他搶先切入的競爭者，萬一已有其他競爭對手先行搶攻，亦可選擇更換目標顧客。

差異化策略

　　將商品或服務塑造成品牌時，必須與其他廠商的商品或服務做出差異化。我們甚至可以說，所謂的品牌化，其實就是差異化。然而，所謂的差異化，並不只是像前頁所提到的範例那樣，僅能就商品或服務本身做出差異。只要用點巧思，其實還有各式各樣的「差異化策略」（differentiation）。

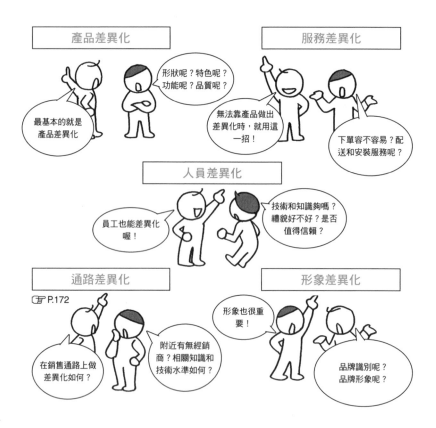

　　最簡單明瞭的差異化手法，當然就是商品或服務本身的差異化了。對消費者與顧客而言，它應該也可說是最有說服力的差異化要素。

　　然而，即使企業的技術力或商品開發力薄弱，難以透過商品或服務本身來與競爭者做出差異化時，不妨記住其實還可擬訂許多不同的差異化策略。

五力分析模式

市場上當然也存在著一些因素，會威脅到我們努力做出差異化之後，費心找出的品牌定位。管理大師麥可波特列舉出了五個企業在市場上會面臨的「競爭因素」，這就是著名的「五力分析模式」（five forces model analysis）。此時企業在競爭中會被奪去的是「獲利」。

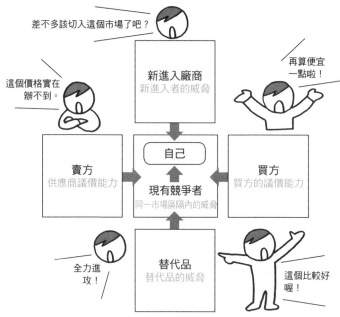

在日文當中，五力分析模式被稱為是「五大威脅」。或許有些讀者會認為「連供應商和顧客都是會危及公司獲利的威脅嗎？」因此，自下頁起，我們會就五力分析模式的內容再稍做說明。

who's who

麥可‧波特（1947 年～）

美國管理學者，更是策略經營領域的第一把交椅。他的著作《競爭策略》（Competitive strategy: techniques for analyzing industries and competitors）及《競爭優勢》（Competitive Advantage—Creating and Sustaining Superior Performance），讓「策略」這個研究領域確立了它在管理學界的地位。

現有競爭者的威脅

第一個威脅，是來自同一市場區隔（☞ P.62）內的「現有競爭者的威脅」。現有競爭者越多或越強大，代表自己的獲利越少。

不過，若真要與競爭者正面交鋒，勢必會陷入價格戰、廣告宣傳戰、甚至是新產品開發戰等競爭。這些競爭都需要投注龐大的成本，因此企業自己的獲利將更微薄。

新進入者的威脅

第二個威脅則是有其他廠商投入，形成新的競爭者，也就是所謂的「新進入者的威脅」。

若這個新進入者來勢洶洶，便會與其他現有競爭者一起搶食企業的獲利。有些市場的進入障礙（☞ P.84）較高，這要視不同業界的情況而定。

替代品的威脅

第三個威脅是「替代品的威脅」。舉凡漢堡店對決牛丼店，速食店大戰便利商店的便當等，有替代品的業界比比皆是。

替代品多半價格極為低廉，因此很能搶攻市場。若企業選擇降價迎戰，獲利便會隨之減少。

買方的議價能力

第四個威脅是「買方的議價能力」，這個答案或許會令人感到有些出乎意料，但當買方要求降價時，若企業不從，雙方的買賣關係說不定會就此終止，或交易量可能因此而減少；反之，若同意降價，則會因此導致獲利降低。

聽起來或許很困難，但企業最好能開發出夠強大的商品或服務，讓企業即使拒絕降價，買方仍不得不繼續買單，或要簡化買方的工序等，才是理想的因應之道。

進入障礙

這裡我們來談談「進入障礙」。所謂的進入障礙，是指對有意全新投入該領域的企業而言，會阻礙它們進入市場那些因素，例如法規限制新競爭者投入該領域等。

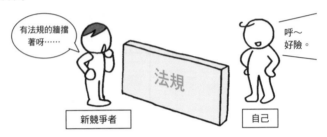

另一方面，對於業界內的現有企業而言，進入障礙的高低是評估「新進入者的威脅」的一項指標。進入障礙越高，就越不容易有新競爭者加入，現有企業就能高枕無憂。

然而實際上，最大的進入障礙把持在現有企業手中。因為規模經濟效益（以大量生產壓低成本）、明確的品牌、技術力等，多半都由市場上的現有企業掌握。

管理學大師波特列出了以下八個項目，作為衡量進入障礙高低的指標。

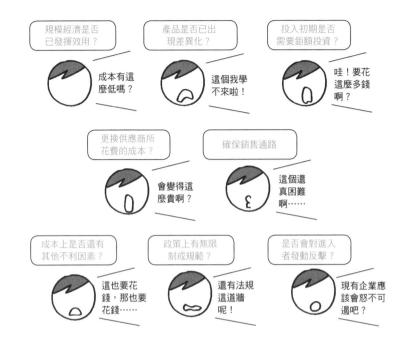

供應商議價能力

讓我們再回到「五大威脅」的話題。第五個威脅則是「供應商議價能力」。

原物料廠商等供應商有時會要求調漲。若賣方的議價能力夠強，或供貨量可能遭到刪減時，企業就只能同意漲價，稀釋自己的獲利。為了反制這種要求，可從一開始就祭出向多家供應商採購等方法來因應。

市場佔有率

market share

在五大威脅當中，特別是在分析競爭者時，首先要調查的就是「市場佔有率」，也就是看所謂的「市佔率」。然而，其實總共應該要看三個佔有率。

市場佔有率

心智佔有率

當消費者在想到某種類型的商品或服務時，該項商品或服務最先被消費者想到的機率，就是「心智佔有率」（mind share）。這個數字，可看出商品認知度的高低。

心智佔有率

心靈佔有率

當消費者在購買某種類型的商品或服務時，該項商品或服務被消費者視為最夢寐以求選項的機率，就是「心靈佔有率」（heart share）。這個數字亦可稱為好感度。

心靈佔有率

競爭策略

　　檢視過市場佔有率之後，就可以思考自己在市場上該採取什麼樣的「競爭策略」。大師科特勒（☞ P.20）的建議的方法是：依市佔率高低，將市場上的企業分類為「市場領導者」（leader）、「市場挑戰者」（challenger）、「市場跟隨者」（follower）、「市場利基者」（nicher），並針對不同類型分別擬訂競爭策略。

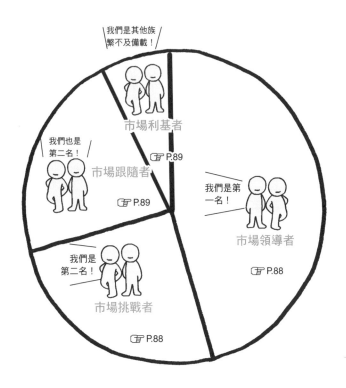

　　「市場領導者」是在市場上擁有最高市佔率的企業，而市佔率第二的企業則可選用「市場挑戰者」或「市場跟隨者」的策略，甚至還可與市佔率更低的企業採取同樣的「市場利基者」策略。

市場領導者

　　對「市場領導者」而言，首要的策略就是致力擴大市場規模。即使市佔率不變，只要市場越大，市場領導者的營業額就會隨之提升，尤其市佔率最高的領導者，營業額成長最可觀。其次的策略是要固守市佔率，第三個策略則是要在固守之餘，再繼續搶攻市佔率。

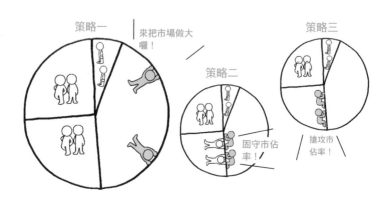

市場挑戰者

　　對「市場挑戰者」而言，首要的策略就是勇敢地攻擊領導者，以搶攻市佔率。儘管這樣做的風險很高，但收穫相對也高。其次的策略則是要鎖定那些市佔率相去不遠，業績表現不佳的企業，侵蝕它們的市佔率。第三個策略則是要對付更弱小的企業。

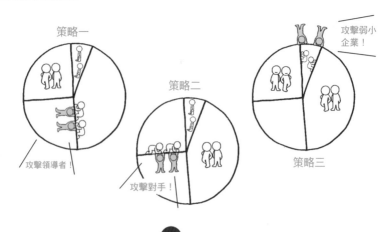

市場跟隨者

「市場跟隨者」會與其他競爭者保持和諧，盡量不在市場上掀起波瀾。它們的商品或服務都模仿領導者，所以不必投入太多研發費用就能獲利。因此它們在策略上，也就是用領導者的商品來稍加變化，或做一定程度的變化，甚至是將同樣的商品拿到不同市場銷售等等。

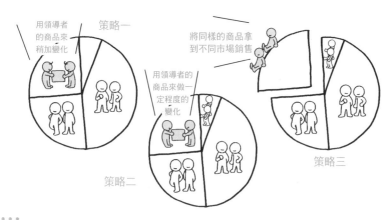

市場利基者

與其在大規模的市場當個跟隨者，「市場利基者」情願選擇在小規模的市場——也就是利基市場裡當個領導者。這樣一來，就可以在沒有競爭的情況下，固守自己的市佔率。只不過，利基市場可能會面臨需求轉弱的問題，最好多押寶幾個選項。

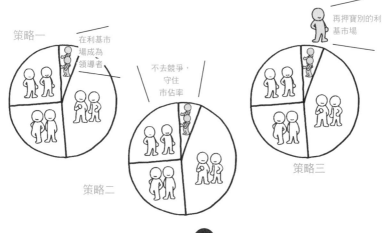

行銷策略

伊格爾 ‧ 安索夫

（1918～2002 年）

經營策略

所謂的「經營策略」，指的是企業的中、長期方針或計畫。它和行銷策略之間的差異，大致可分為以下三種觀點。

①行銷策略應位居經營策略之上

提供顧客想要的商品或服務，是企業經營的目標。少了顧客觀點，經營策略就無法成立。這是第一種觀點。

②行銷策略應與經營策略平起平坐

行銷與全公司各部門的活動息息相關，因此要清楚劃分經營策略和行銷策略，的確有困難。而實際上兩者指的幾乎同一件事。這是第二種觀點。

③經營策略應位居行銷策略之上

企業經營上最重要的，是「經營理念」與「經營願景」之類的思維。而這些思維反映到策略上，就形成了經營策略，因此在所有策略當中的地位最為崇高，而行銷策略僅為經營策略的一部分。這是第三種觀點。

會有這些觀點，是因為每個人對「行銷」所介定的範圍不同，想法自然就會有所不同。不論如何，請記住行銷策略與經營策略的關係緊密，有時甚至會達到密不可分的地步。

核心能力

不論是就經營策略而言，還是以行銷策略來看，明確地找出企業本身的「核心能力」（core competence），並推動可充分發揮核心能力的策略，至為重要。所謂的核心能力，是指卓然出眾、遠勝其他競爭者的核心能力。提出這個概念的蓋瑞‧哈默爾（Gary Hamel）教授，認為核心能力應具備以下三項特質。

能耐

然而，同樣是能力，有些卻可以彰顯企業的組織力，這種類型的能力就稱為「能耐」（capability）。它會與企業的核心能力連動，創造出企業的競爭優勢。

蓋瑞‧哈默爾（1954 年～）
美國的管理學者、企管顧問，是經營理論和策略論領域的第一把交椅。著有《競爭大未來：掌控產業、創造未來的突破策略》（*Competing for the Future: Breakthrough Strategies for Seizing Control of Your Industry and Creating the Markets of Tomorrow*）及《管理大未來》（*The Future of Management*）等多部作品。

安索夫成長矩陣

事業擴大矩陣、成長向量

　　企業必須不斷成長。在企業發掘成長機會、決定成長策略之際，常會運用一個很知名的架構（framework），那就是「安索夫矩陣」。

　　這個工具是以「市場」和「商品或服務」為縱軸及橫軸，再視企業有意切入的是「現有」或「全新」領域，評估四套不同的策略。

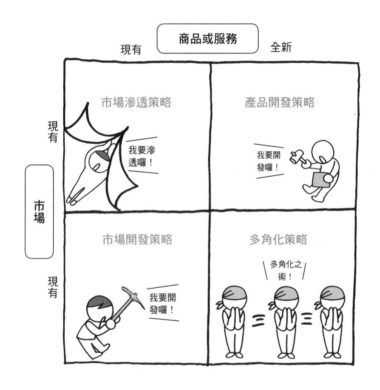

　　以往，「策略」（strategy）是個軍事用語。而將它套用到企業管理領域，並整理呈系統性理問的，就是管理大師伊格爾・安索夫（H. Igor Ansoff），因為他將戰爭的思維，套用到企業在市場與其他競爭者之間的競爭上。

　　接著，他在《多角化的策略》這篇論文當中所提出的，就是這個成長矩陣。根據他的論述，企業的成長策略大致可分為以下四種類型。

市場滲透策略

在現有市場上

現有產品還能不能成長？

＝

策略是與其他企業競爭並取得勝利，藉以提高市佔率。

市場開發策略

在新市場上

現有產品能不能賣得動？

＝

舉例來說，這種策略最典型的例子，就是以進軍海外來開發新市場等策略。

產品開發策略

在現有市場上

能否推出新產品？

＝

針對現有顧客開發新產品，並推出到市場上

多角化策略

在新市場上

能否推出新產品？

＝

打算在新市場上以新產品一決勝負，是相當大膽的策略。

who's who

企業的成長策略大致可分為四種類型！

伊格爾・安索夫（1918～2002年）

美國的管理學者，被譽為「經營策略之父」，也是策略經營論的創始人，著有《企業策略》（*Corporate Strategy*）、《策略經營論》（*Strategic management*）等書。

整合成長

在安索夫的成長矩陣當中所呈現的那些成長策略，稱為「密集成長」（intensive growth）。然而，成長策略並不是只有「密集成長」這個選擇。舉例來說，企業還可以選擇採取併購（M&A），也就是透過收購來追求「整合成長」（integrative growth）的策略。

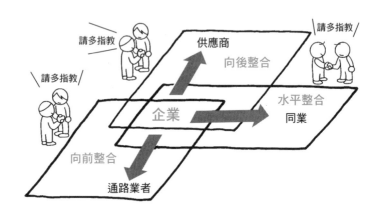

多角化成長

此外，若在安索夫的成長矩陣當中採取多角化策略，那就是「多角化成長」（diversification growth）。多角化成長也可分為三種型態。

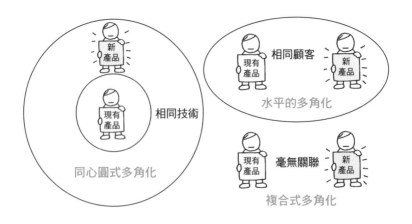

SWOT 分析

　　不論是經營策略或行銷策略，在擬訂策略前，都必須先進行環境調查。而環境又可分為企業所置身的「外部環境」和企業本身的「內部環境」。「SWOT分析」就是用來分析企業內、外部環境的一套工具。「SWOT」這個名稱，是取自企業的「優勢」、「劣勢」、「機會」、「威脅」這四個詞的英文字首而來。

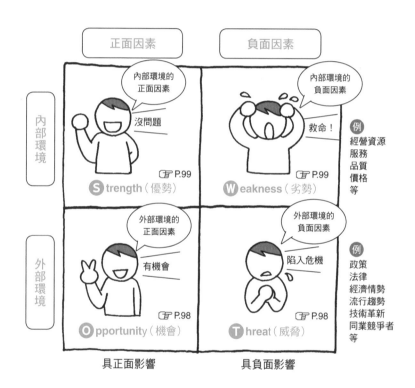

　　如上圖所示，將正面因素和負面因素分別歸納到內部環境與外部環境之後，即可看出企業的「優勢」、「劣勢」、「機會」、「威脅」何在。過去其實早有這樣的概念，但自 1960 年代起，把這套說法整理得更為精鍊的，是史丹佛大學的阿爾伯特 · 韓佛瑞（Albert Humphrey），因此他被視為是現代SWOT 分析的創始人。

機會

SWOT 分析的操作順序，通常都是先從外部環境分析開始做起，這是因為外部環境會對內部環境造成影響的緣故。例如進口原料的成本若因日圓升值而降低，這就是「機會」（**Opportunity**）。

簡而言之，所謂的外部環境是指企業無法憑一己之力左右的市場或社會情勢。因此，當這個因素對企業有利時，它就是「機會」（Opportunity）。

威脅

就外部環境而言，「威脅」（Threat）常和機會一起拿出來討論。舉例而言，當消費者買氣冷，需求低迷時，這就不是個機會，而是「威脅」（Threat）。

就像這樣，站在「機會」的對立面，對企業造成負面影響的因素，就稱為「威脅」（Threat）。在同是對企業造成負面影響的因素當中，唯有企業無法自行操控者才是「威脅」。這一點請特別留意。

優勢

在內部環境當中，針對和企業本身或企業的商品、服務等有關的因素，首先要提出來討論的就是「優勢」（Strength）。舉例來說，若企業的財務體質夠健全，那麼這就是一個「優勢」。

不論是分析外部或內部環境，都要事先訂出評估項目。例如當我們決定要評估的是企業經營資源時，財務體質、人材和資產等評估項目自然就會浮上檯面。

劣勢

在經營資源這個範疇當中，假設企業的技術力較為薄弱，那麼技術力就是企業的「劣勢」（Weakness）。不過，當我們評估內部環境時，容易流於主觀。這一點和評估外部環境時不同，需特別留意。

交叉 SWOT 分析

透過SWOT分析，整理出企業的「優勢」、「劣勢」，以及外部環境裡的「機會」、「威脅」之後，就可推導出企業接下來應採取的策略。您可像下圖一樣，以「優勢」、「劣勢」為縱軸，「機會」和「威脅」橫軸，進行交叉分析。

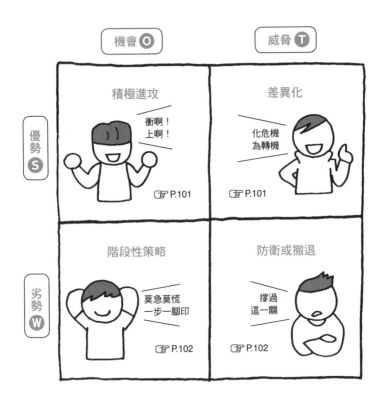

企業本身無力扭轉外部環境。因此，要調整內部環境來順應外部環境，以期能善加運用良機，或安然渡過危機。

這樣的分析，就叫做「交叉 SWOT 分析」。

積極進攻

當機會（chance）降臨到企業具有優勢的領域時，最好的做法就是採取積極進攻策略。

例如當「財務體質強健」的優勢，碰上了「進口原料成本下降」這個機會時，就可以擬訂一套削價競爭的策略，一口氣甩開其他同業的纏鬥。不論在任何時代，降低成本、進而在市場上取得主導權，都是最基本的競爭策略（☞ P.113）。

差異化

然而，當「財務體質健全」這個優勢，面臨買氣冷清、需求低迷的威脅時，還是必須思考一些差異化策略。

舉例來說，當其他同業都還在為了營收縮水而發愁時，企業不就可以善用它最自豪的財務體質，積極投放廣告了嗎？

只要投放優質廣告，品牌形象（☞ P.73）就會隨之提升，企業便可藉由品牌形象來做出差異化。

階段性策略

即使機會降臨，企業在劣勢領域仍舊無法積極進攻。這時就要採取一步一步慢慢來，採取祭出階段性策略的戰術。

假設現在原料成本降低，機會到來。而有一家企業的劣勢是「技術力薄弱」，因此無法迅速地開發出低價的新產品。此時這家企業應該先調降現有商品的價格，守住目前的市場，同時腳踏實地的開發新產品，培養技術力。

防衛或撤退

當企業的劣勢領域出現威脅時，為避免招致最壞的結果，企業必須考慮防衛，或甚至採取撤退策略。

USP

「**USP**」（**Unique Sales Point**）是用來分析內部環境的項目之一，中文譯為「獨特的銷售主張」。下圖所呈現的，就是幾個 USP 的例子。

這些看來宛如廣告標語的字句，所呈現的概念就是 USP。只要有清楚的 USP，銷售通路和顧客都能很明確地了解企業想傳達的概念。

KSF

進行 SWOT 分析等研究的目的之一，就是要推導出「**KSF**」（**Key Success Factor**）。所謂的 KSF，意指「事業成功的必要條件」（關鍵成功因素）。只要分析過外部環境，就能釐清什麼才是事業所需的 KSF。再者，只要分析過內部環境，就能研擬通往 KSF 的策略。

行銷環境分析

像 SWOT 分析這種分析企業外部及內部環境，再連結到企業策略的這種架構（framework），統稱為「行銷環境分析」。在行銷領域當中，除了 SWOT 分析之外，其實早已開發出多種不同的架構，並廣為運用。

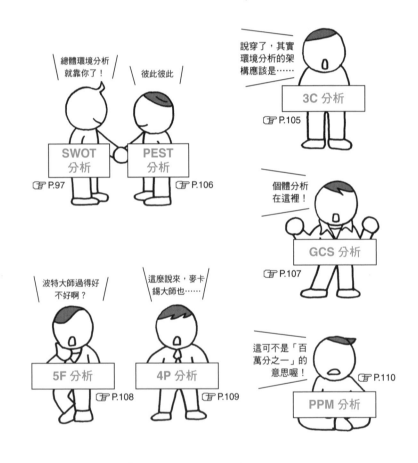

這些架構有時是單獨運用，有時會為了分析架構當中的一部分，而運用到其他架構。例如在 SWOT 分析當中，會用到 PEST 分析來分析外部環境。以下就讓我們來看幾個主要的行銷環境分析架構。

3C 分析

3C 模型、3C 架構

　　「3C 分析」是個知名度與 SWOT 分析並駕齊驅的環境分析架構，它會從企業本身（Company）、顧客（Customer）、競爭者（Competitor）這三個角度來進行分析。

　　用這套 3C 分析的架構，再加上總體分析（☞ P.133），幾乎就可以涵蓋所有的行銷環境分析。從這些分析中再找出企業的 KSF（☞ P.103），擬訂策略。

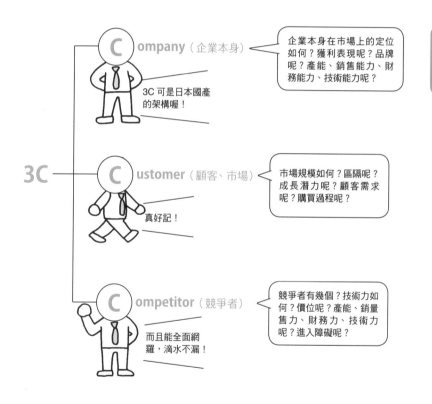

C ompany（企業本身）

企業本身在市場上的定位如何？獲利表現呢？品牌呢？產能、銷售能力、財務能力、技術能力呢？

3C 可是日本國產的架構喔！

3C

C ustomer（顧客、市場）

市場規模如何？區隔呢？成長潛力呢？顧客需求呢？購買過程呢？

真好記！

C ompetitor（競爭者）

競爭者有幾個？技術力如何？價位呢？產能、銷售力、財務力、技術力呢？進入障礙呢？

而且能全面網羅，滴水不漏！

　　提出用 3C 概念進行環境分析的，是在全球各地相當活躍的企管顧問大前研一。他本人則表示，由於網路的出現，「我們無從得知誰是競爭者」，因此 3C 已不適用。儘管如此，3C 仍舊是環境分析最基本的架構，廣受運用。

PEST 分析

外部環境可分為「總體環境」（macro environment）（☞ P.133）和「個體環境」（micro environment）。總體環境是企業無法憑一己之力左右的環境因素，而用來分析總體環境的工具當中，有一套極具代表性的架構，那就是「PEST 分析」。所謂的「PEST」，名稱是來自於下圖所示的四項因素的第一個英文字母。

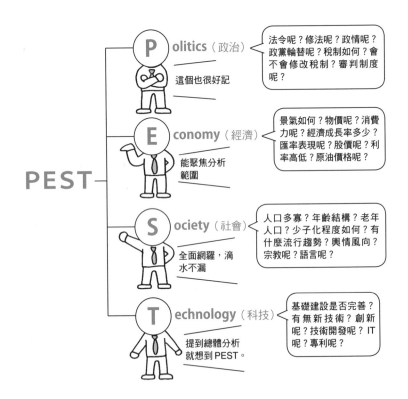

PEST 是由行銷大師科特勒（☞ P.20）所提出的概念。由於總體環境的範圍極為廣泛，以 PEST 作為關鍵字進行分析，就能更有效率地聚焦分析範圍。而且它還能涵蓋所有重要領域，因此只要一提到總體環境分析，就讓人想到 PEST 分析，是個地位舉足輕重的架構。

GCS 分析

　　所謂的個體環境，就是企業在某種程度上可以掌控的環境。例如顧客或競爭者等，只要行銷操作得宜，其實在某種程度上是企業可以掌控的。進行環境分析時，有時為簡化作業，會只就該業界內的情況來考量個體環境。（☞P.108）

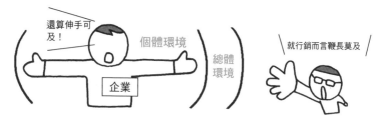

　　究竟有什麼架構可以用來進行個體環境分析呢？「GCS 分析」就是其中一個例子。如下圖所示，「GCS」這個字，是由類型（Genre）、品類（Category）、區隔（Segment）的字首組合而成的。

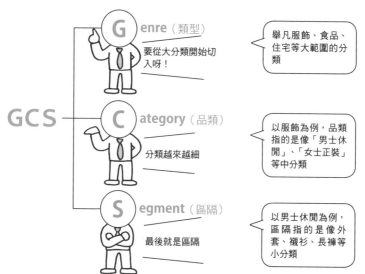

　　就像這樣，藉由依序分析各個細分類的消費者動態等資訊，即可評估如何發展更具吸引力的品類，或在同一品類的不同次品類當中，找到產品開發的新主題。

5F 分析

五力分析

　　若就 3C 分析的角度而言，GCS 分析是「顧客」（Customer）的個體分析。而用來進行「競爭者」（Competitor）個體分析的架構，則有「5F 分析」（五力分析）。它是套用行銷大師波特的「五力分析模式」（☞ P.81）這個架構，來掌握企業置身的威脅現況和業界結構的一種分析手法。

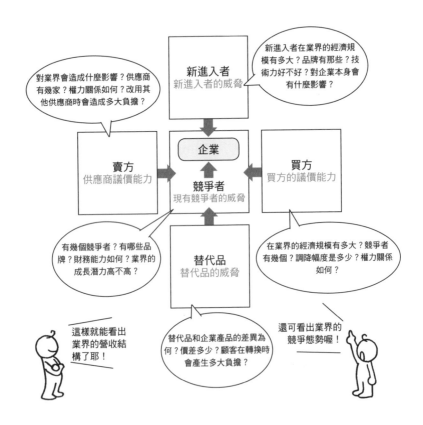

　　5F 分析這套架構，很適合用來了解企業本身所屬業界的結構，尤其最能清楚看出該業界內的企業如何提升收益——也就是收益結構——，以及除了競爭者之外，企業還與爭搶收益的勁敵——也就是威脅——共處何種競爭環境下。期盼日後各位在需要進行業界解析時，會最先想到「5F 分析」這個工具。

4P 分析

提到「**4P**」，當然就會想到「麥卡錫的 **4P** 理論」（☞ P.22），也就是產品、價格、促銷、通路的這四個「P」了。這個行銷領域的基本架構，又被稱為「**行銷 4P**」，會用來進行個體環境分析。

相對於用來觀察策略大方向的 3C 分析等工具，4P 則是用在策略的細部評估或具體內容的決策。

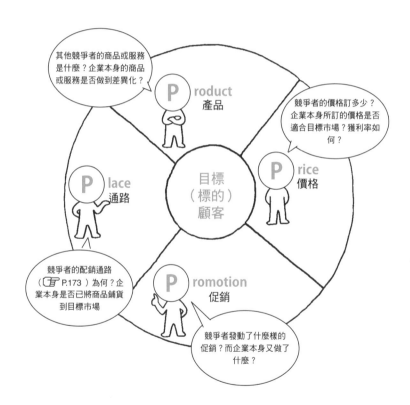

其他競爭者的商品或服務是什麼？企業本身的商品或服務是否做到差異化？

Product
產品

競爭者的價格訂多少？企業本身所訂的價格是否適合目標市場？獲利率如何？

Price
價格

目標（標的）顧客

Place
通路

競爭者的配銷通路（☞ P.173）為何？企業本身是否已將商品鋪貨到目標市場

Promotion
促銷

競爭者發動了什麼樣的促銷？而企業本身又做了什麼？

例如企業可用 4P 分析來檢視競爭者的商品或服務，再回頭為自家商品或服務做 4P 分析，就能看出何者佔有何種優勢。此外，用 4P 分析來評估 USP（☞ P.103）更是有效。它可檢視 USP 是否與實際的 4P 相符，是否已成功向顧客訴求。

PPM 分析

產品組合管理、PPM 矩陣

同時擁有多種商品、服務或事業的企業，究竟要在哪個商品或服務上分配多少經營資源？——「產品組合管理」（product portfolio management）就是為了幫助企業做出這些判段而開發出來的工具，簡稱「PPM」。在這個分析當中，會用到的是以市場成長率為縱軸，以相對市場佔有率為橫軸的矩陣。

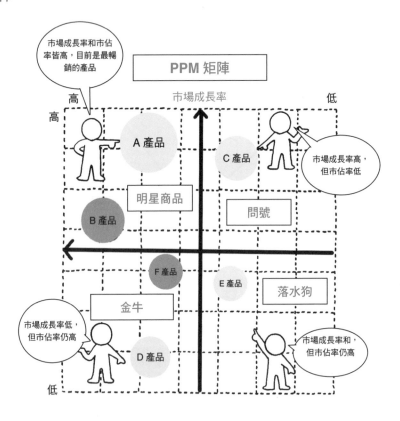

開發出 PPM 這套工具的，是美國的企管諮詢顧問公司——波士頓管理顧問公司（Boston Consulting Group），因此這四個象限原本各都有一個英文稱呼，但目前一般皆使用像「明星商品」這樣的翻譯名稱。下一頁為各位介紹每個象限所代表的現況，及其未來應採取的策略。

明星商品

「明星商品」（Star）的獲利雖高，但鞏固市佔率所花的成本也不少。若能維持市佔率，就會成為「金牛」；若無法維持市佔率，則會淪為「問號」。明星商品應採取的策略，是固守市佔率，以期在市場成熟期成為「金牛」。

金牛

「金牛」（Cash Cow）不須投入成本維持，卻能為企業貢獻龐大獲利，是企業的主要獲利來源。它的經營策略是要盡可能長期地維持現狀，並力求獲利更上一層樓。

問號

「問號」（Question mark 或 Problem children）的市佔率低，因此獲利也差。但它的市場成長率高，所以要投入很多成本來維持市佔率。在經營上，企業必須判斷「問號」商品該如何處置，看是選擇投入經營資源，培養成「明星商品」，或是選擇棄守撤退。

落水狗

「落水狗」（Dog）的成長率和市佔率皆低，因此雖無法貢獻獲利，卻也不必投入成本。最好能盡量為它擬訂提升獲利的策略，或是下定決心壯士斷腕。

波特的三大基本策略

　　該如何從各式各樣的分析當中，推導出合適的行銷策略呢？管理大師麥可波特（☞ P.81）從競爭定位和目標範圍的角度，提出三大基本策略的建議。所謂的競爭定位，指的是企業要以低成本取勝，或以設計和品質等元素做出差異化；而目標範圍則是指企業選擇大範圍搶市，或專攻特定小族群。

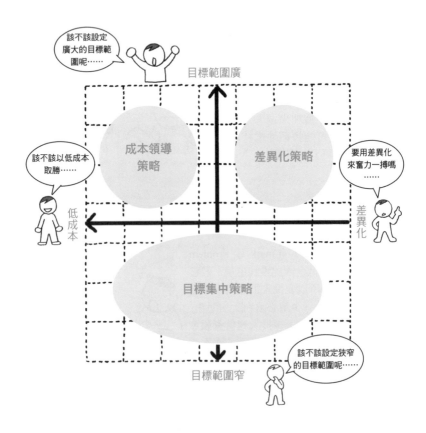

　　在競爭定位上選擇低成本路線，並設定廣大的目標範圍，即為「成本領導策略」；選擇差異化且目標廣泛者，即是「差異化策略」；設定狹小的目標範圍，就會走向「目標集中策略」。目標集中策略又可分為「集中成本策略」和「集中差異化策略」來思考。

成本領導策略

降低製造和配銷成本，就可以設定較低的售價，進而搶佔更大的市佔率。——這種操作手法，就稱為「成本領導策略」。採取這種策略時，行銷或許就不是那麼必要。

差異化策略

雖然價格設定偏高，但投入符合顧客需求的商品或服務，以搶攻高市佔率。——這種操作手法稱為「差異化策略」。採取這種策略時，關鍵在於能符合顧客需求到什麼地步，以及要有足以傳達差異化內容的行銷策略。

目標集中策略

選擇聚焦投入狹窄的區隔，並於該區隔採取成本領導或差異化路線，就是所謂的「目標集中策略」。這種策略的目標，就是在選定的區隔當中爭取最大的市佔率，成為該區隔的領袖。

蘭徹斯特策略

蘭徹斯特法則、蘭徹斯特經營

在波特的三大基本策略當中，「目標集中策略」是小規模企業也能選用的手法。諸如此類的「弱者策略」，比較著名的有「蘭徹斯特策略」。這套策略的原點，是英國航太科技專家弗雷德里克 蘭徹斯特（Frederick Lanchester）分析了第一次世界大戰期間的空戰，整理出一套如何克敵致勝的法則。

蘭徹斯特先生不是學者啊？

他是從空戰的分析當中，發現了這套法則。

第二次世界大戰期間，蘭徹斯特的這套法則被運用在軍事上。戰後，這套法則受到管理學領域的矚目，在日本也有田岡信夫所撰寫的《蘭徹斯特銷售策略》等相關著作問市。蘭徹斯特策略因而化身為經營策略，並日漸普及。

蘭徹斯特第一法則

蘭徹斯特策略可分為「第一法則（弱者策略）」和「第二法則（強者策略）」。第一法則適用於傳統的作戰方式，謹簡單整理如下圖。相較於第二法則，在第一法則當中，因兵力之差所造成的戰力落差較小，所以只要採取符合第一法則的作戰方式，弱者就有可能以小勝大。

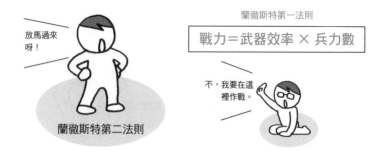

放馬過來呀！

蘭徹斯特第一法則

戰力＝武器效率 × 兵力數

蘭徹斯特第二法則

不，我要在這裡作戰。

蘭徹斯特第一法則所適用的「傳統作戰方式」，若套用在經營策略上來看（假設武器效率相同），指的應該是①在競爭者少的市場上求勝（一對一單挑）、②在狹小的區隔中求勝（局部作戰）、③與其大打廣告，不如操作細膩的溝通（肉搏戰）。

蘭徹斯特策略除了上述內容之外，其實還包括了「聲東擊西」，不過只要把它當成一種突襲戰術即可。

單點集中

「單點集中」是從蘭徹斯特策略當中所推導出來的最重要原則之一。只要把經營資源（人力、物力、財力等）全都聚焦投入一個小型市場，那麼即使是小企業，仍有可能勝過大企業在該市場上所投入的資源。換言之，這種做法就是在第一法則的公式當中取得兵力數優勢，所以能克敵制勝。

蘭徹斯特第二法則

既然有弱者策略，當然也有「強者策略」。所謂的強者策略，就是「蘭徹斯特第二法則」，其公式如下。

蘭徹斯特第二法則

戰力＝武器效率 × 兵力數的平方

蘭徹斯特第一法則

戰力＝武器效率 × 兵力數

當兵力數變為平方時，戰力上就會出現相當大的差距。若您是站在大企業的立場，絕對應該採取這個策略。一般認為第二法則適用於以下這些近代的作戰方式。

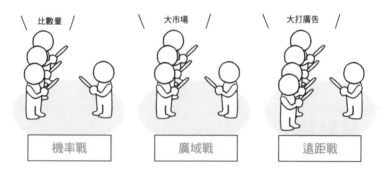

比數量	大市場	大打廣告
機率戰	廣域戰	遠距戰

換言之，第二法則適用於①以量取勝（機率戰）②在大市場征戰（廣域戰）③和大打廣告（遠距戰）等策略。

除此之外，當對手發動突襲時，強者應將對手拉進自己的主場（誘敵戰術）；面對單點集中策略時，應祭出大企業的全方位能力（全面作戰）來應戰，如此一來必定能大獲全勝。這就是所謂的「強者策略」。

誘敵戰術

到我這裡來呀～

才、才不要咧！

全面作戰

藍海策略

　　將波特的三大基本策略，和蘭徹斯特策略所談的那些競爭激烈的現有市場比喻成「紅海」，而在紅海之外，另有毫無競爭、佧大遼闊的「藍海」。——這種說法就是所謂的「藍海策略」。它最早是由金偉燦（W. Chan Kim）教授和莫伯尼（Renée Mauborgne）教授，在兩人共同撰寫的《藍海策略》一書中所提出。

競爭激烈
紅海

毫無競爭
藍海

　　在這套論述中認為，企業為追求藍海，必須以「價值創新」（value innovation）的思維，創造出新的市場。

紅海

　　藍海與競爭激烈的現有市場——「紅海」的不同之處，以管理大師波特所主張的「所謂的競爭定位，唯有選擇低成本或差異化」（☞ P.112）為例，藍海策略主張可透過「減少」（Reduce）、「刪除」（Eliminate）來降低成本；以「提升」（Raise）、「創造」（Create）來提高附加價值（差異化）。

將企業的經營項目以「減少」、「刪除」、「提升」、「創造」來分類，是整理事業項目的一套工具。

行動架構
（Action Matrix）

策略草圖
（Strategic Canvas）

以競爭要素為橫軸，競爭要素的程度高低為縱軸，畫出與其他同業的比較圖，是一套用來量測有無機會開創新市場的工具。

行銷研究

行銷研究

市場調查

　　一聽到「行銷研究」（marketing research）——也就是所謂的市場調查，往往會給人「問卷調查」的強烈印象。事實上，行銷研究的方法並非只有問卷調查一途，而行銷研究也不是只做做問卷調查就結束。如下圖所示，行銷研究至少需要經過以下六個階段。

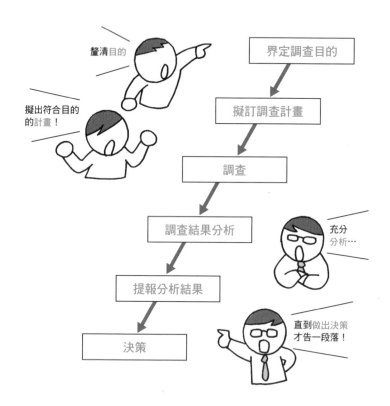

釐清目的

擬出符合目的的計畫！

界定調查目的

擬訂調查計畫

調查

調查結果分析

充分分析…

提報分析結果

決策

直到做出決策才告一段落！

　　尤其在調查的初始階段，先釐清調查的目的為何，接著擬出符合目的需求的妥善計畫，這一點至為重要。下一步則是要充分分析調查結果，並於結果提報出去之後，由需要進行這項調查的人來做出決策。至此，整個行銷研究才可說是告一段落。

初級資料

行銷研究上所蒐集到的數據，可分為「初級資料」（primary data）和「次級資料」（secondary data），有時會蒐集其中一種，或選擇兩種都蒐集。初級資料指的是應調查目的之需而重新蒐集的資料；次級資料則是早已有人因其他目的所蒐集而來的資料，故次級資料可能較不完備，亦可能是過時的舊資料。

不過，蒐集初級資料需投入大量的成本和時間。

次級資料

另一方面，「次級資料」所需要的成本低，又可迅速取得。因此一般在行銷上，會先找尋次級資料，再針對它的不足之處重新蒐集初級資料。在次級資料當中，除了各類公開的市場調查及統計數據之外，企業內部的營收資料和顧客資訊等也非常重要。

若是企業的內部資料，便可從中獲取更具體且詳細的資訊，諸如市場狀況或顧客動向等。這些資訊都可供內部相關人員隨時免費使用，沒有特殊限制。

假說思考

在擬訂調查計畫之際，最重要的其實是「假說思考」。蒐集資料時，有些人可能會想把與調查目的相關的資訊全都蒐集過來，也有人會不管三七二十一，總之先蒐集到資料再考慮。然而，這樣做恐怕將付出龐大的時間和成本。因此，先依調查目的設定結論假說，再循假說內容進行調查，便可做出既有效率又精準的調查。

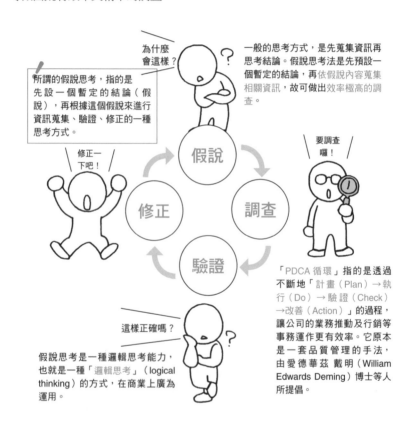

所謂的假說思考，指的是先設一個暫定的結論（假說），再根據這個假說來進行資訊蒐集、驗證、修正的一種思考方式。

為什麼會這樣？

一般的思考方式，是先蒐集資訊再思考結論。假說思考法是先預設一個暫定的結論，再依假說內容蒐集相關資訊，故可做出效率極高的調查。

修正一下吧！

要調查囉！

假說

調查

修正

驗證

「PDCA 循環」指的是透過不斷地「計畫（Plan）→執行（Do）→驗證（Check）→改善（Action）」的過程，讓公司的業務推動及行銷等事務運作更有效率。它原本是一套品質管理的手法，由愛德華茲 戴明（William Edwards Deming）博士等人所提倡。

這樣正確嗎？

假說思考是一種邏輯思考能力，也就是一種「邏輯思考」（logical thinking）的方式，在商業上廣為運用。

不過，假說並非設定出來就好。開始進行調查之後，要驗證結果與假說是否相符，如有必要，還需再修正假說。它的概念和 PDCA 循環相同，可透過多次且持續地修正，提升調查的準確性。反覆操作帶有假說思考的市場調查之後，企業就能做出費時最短、成本最低的行銷研究。

種子取向

一般而言，執行行銷研究的目的，在於掌握消費者的需求。然而，有時企業也會以獨家技術、素材或種子（☞ P.33）為出發點（種子取向），進行市場調查。

為何種子取向的行銷研究會有派上用場的時候？這是因為消費者有些尚未顯現的需求——也就是所謂的欲求（☞ P.33）。光是研究那些已顯現的需求，無從找出消費者的欲求，但若是操作種子取向的調查，就有可能發現消費者潛藏的欲求。

需求取向

不過說穿了，市場研究終究是要讓種子取向和需求取向相互搭配媒合。也就是從企業本身的種子出發，試圖找出消費者潛在的需求——亦即有欲求的市場。

若以種子角度出發的新商品或服務，成功地挖掘出消費者欲求，使其成為顯性需求，那麼這個種子和需求的搭配，就會發揮出最強大的綜效。畢竟種子是企業的獨門優勢，即使其它競爭者知道消費者有這樣的需求，也難以輕易切入。

量化調查

行銷研究所使用的方法，大致可分為「量化調查」和「質化調查」這兩種類型。

「量化調查」的前提，是要將蒐集來的資料數值（量）化，因此調查時備有題目和答案選項。由於這種調查的結果都會以數值呈現，因此它的特長就是可明確看出消費者在調查時選了什麼答案，哪些選項不受青睞。

質化調查

另一方面，「質化調查」則是在蒐集那些無法數值化的描述或文字等資訊。簡而言之，它就像是訪談之類的手法。質化調查所要研究的，是諸如「為什麼」和「怎麼」的這些理由和動向。

調查研究法

量化調查當中極具代表性的方法之一，就是「調查研究法」（survey research）。簡而言之，這種方法就是由研究者製作問卷，向受訪者進行調查。它具有以下幾項特徵。

面訪

調查研究法當中最傳統、同時也是最具代表性的方法，就是「面訪」。它是由訪談員直接與受訪者一對一問答的調查手法，其中甚至還有訪談員登門拜訪，在受訪者住家玄關等處訪談的「入戶面訪」。

除了面訪之外，還有幾種較具代表性的調查手法：「電話訪談」可說是簡化型的面訪，另有由受訪者自行寄回問卷的「郵寄問卷」，以及由訪談員登門回收問卷的「留置問卷」等。

網路調查

現在有許多調查研究都改以「網路調查」（online research、線上調查）方式取代。它通常是以在市調公司登錄過的「樣本」（panel）或受訪者（monitor）為對象，進行客戶所委託的調查。這種調查方式的特色如下：

觀察法

還有一個較具代表性的量化調查手法，名叫「觀察法」（observational research），是一種觀察人或事物的行為、動作，並將事實記錄下來的調查方式。舉凡店家的進出客數，街道、走道的通行量，商品的店頭售價等，都是它調查的對象。這種調查方式的特色，在於它的資料是依據正確資訊而來的數據，可蒐集到客觀的事實，這一點和提問所得來的資料有所不同。

焦點團體訪談法

另一方面，在質化調查當中最具代表性的則是「焦點團體訪談法」（focus group interview），又可簡稱為「FGI」。這種調查手法，是請焦點團體——也就是依特定條件所選出的 5～8 人，在主持人的指示下進行約兩小時的討論，藉以從中蒐集資訊。除此之外，另有一對一及親自拜訪等型態的訪談。

| 焦點團體訪談法 | 詳細訪談法 | 深度訪談 |
| 主持人與 5～8 人 | 一對一 | 親自拜訪 |

臨時性專案調查

不論是量化調查或質化調查，都有僅限一次完結的調查，也有反覆操作多次的調查。僅限一次，並從零開始、全新內容的調查，就稱為「臨時性專案調查」（ad-hoc research）。除此之外，質化調查還有以下幾種類型。

\一次定勝負/　　　多次執行　　　又來啦？

| 臨時性專案調查 | 追蹤調查 | 固定樣本調查 |

一次性的調查。由於需要編製全新的調查計畫，因此需投入大量時間與成本。例如為開發新產品所做的調查等，就必須採取這種型態。

在一定期間內，就相同內容進行多次調查，又有「標竿調查」（benchmark survey）之稱。例如在新商品上市後，每隔一段時間就會調查該商品的認知度。

每隔一段時間就以相同的內容，調查同樣的一群受訪者，並持續進行。在市場調查的領域當中，可透過這種調查掌握市場的變化，以及變化的原因與過程等。

抽樣

　　幾乎所有行銷研究的調查對象，都不是就對象族群進行「普查」，而是選出其中一部分的「樣本」（sampling）來進行調查。

　　整個對象族群稱為「母群體」。而從母群體當中選出可當作調查對象的「樣本」，就稱為「抽樣」。要進行抽樣，必須先決定以下這三件事。

①母群體和抽樣單位
→母群體的範圍到哪裡？調查的單位大小為何？

②樣本大小
→樣本要有幾人？

③抽樣程序
→如何挑選樣本？

交叉分析

在量化調查當中，一般最常用「交叉分析」來分析蒐集到的資訊，也就是各位都很熟悉的這種縱橫兩軸統計表。而所謂的交叉分析，就是透過交互比對、分析縱軸與橫軸這兩個調查項目之間的關係，找出兩者之間的是否互為因果。

原來是讓它們縱橫交錯、相互比對呀！

仔細看看的確很像統計資料表……

價位別購買族群

（位：%）

		總計	價位別					
			～10万	～20万	～30万	～40万	～50万	50万 上
總計		100.0	100.0	100.0	100.0	100.0	100.0	100.0
男性合計		78.2	50.5	63.1	77.7	84.4	86.3	90.0
女性合計		21.8	49.5	36.9	22.3	15.6	13.7	10.0
男性	～20	9.9	6.4	8.		10.7	10.9	11.4
	～30	18.8				20.3	20.7	21.6
	～40	20.2				21.8	22.3	23.
	～50	13.0		10.5	12.9	14.0	14.3	
	～60	8.7	5.6	7.0	8.6	9.4	9.6	
	60 上	7.6	4.9	6.1	7.6	8.2	8.4	
女性	～20	2.8	6.4	4.7		2.0	1.8	
	～30	5.2	11.8	8.		3.7	3.3	
	～40	5.6		9.		4.0	3.5	2.6
	～50	3.6	8.2		3.7	2.6	2.3	1.7
	～60	2.4	5.4	4.1	2.5	1.7	1.5	1.1
	60 上	2.2	5.0	3.7	2.3	1.6	1.4	1.0

可看出價位越低，女性的佔比越高。

30～49歲的女性是購買主力

到20歲以下、60歲以上，購買人數就減少

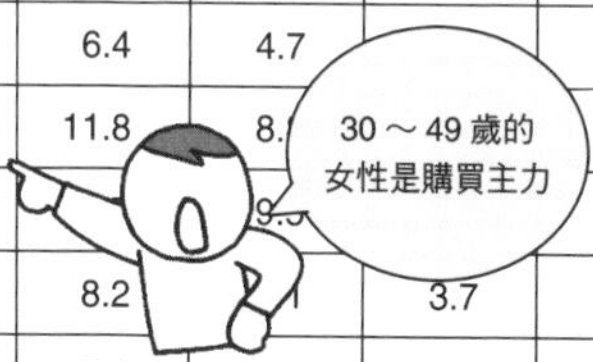

從數值的大小，可以看出價位與性別或年齡之間的因果關係、購買趨勢等，就像上圖那些人所說的話一樣。不過說穿了，交叉分析畢竟只能分析兩個大方向的調查項目，因此，當需要分析項目之間更複雜的關係時……（接下頁）

集群分析

　　「集群分析」（cluster analysis）也是一般公認為最常用來分析量化調查資料的一種方法。簡單來說，所謂的集群分析，就是一種將資料分成不同群體的方法。

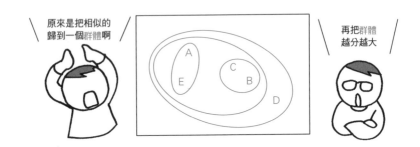

　　所謂的集群（cluster）其實就是「群體」的意思，也就是從一個由各具不同特質的事物匯集而成，卻沒有分類標準的群體當中，找出性質相似者，並將之歸類為一個群體。至於相似與否，則用數學方法來判定。集群分析有幾種不同的方法，其中一種是會在最後做出如下所示的樹狀圖（**dendrogram**）。

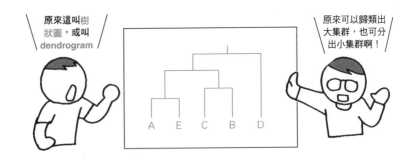

　　這樣就可以看出從小分類發展到大分類的過程，因此可分成大集群，也可分成小集群，而行銷策略可依各個集群做出不同的變化。

多變量分析

　　像集群分析這樣的統計手法，能分析內含諸多複雜因素的量化調查資料者，統稱為「多變量分析」。除了集群分析之外，在行銷領域已開發出多種不同的多變量分析手法，以下列舉出幾種分析手法的名稱。

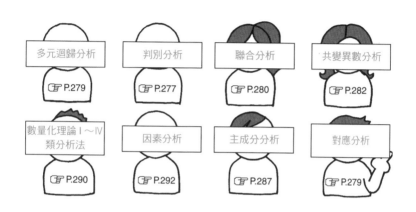

文字探勘

　　而在質化調查方面，則會使用到像是「文字探勘」（text mining）這種分析手法。這種方法是將文章拆解成詞語或段落，再分析它們之間的出現頻率及相互關係等。從這樣的分析當中，可以看出一些「為什麼？」「怎麼會？」之類的理由和動向，都是無法從量化調查得知的資訊。

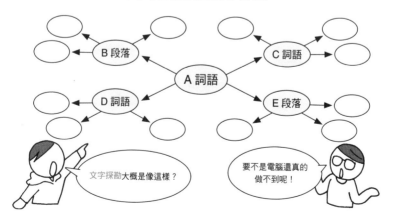

趨勢

　　企業除了進行行銷研究之外，洞悉社會主要的潮流脈動也很重要。在行銷領域裡，有時會把社會上的潮流分為兩類來思考。氣勢強勁、接連不斷且長期持續的潮流，就是所謂的「趨勢」。

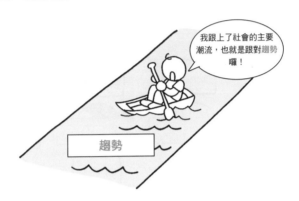

> 我跟上了社會的主要潮流，也就是跟對趨勢囉！

趨勢

熱潮

　　相對地，在社會、經濟、政治層面皆無足輕重，且僅止於暫時的流行，短期內就告終的潮流，則稱為「熱潮」。企業雖然不必在意這種熱潮，但只要不違逆主流趨勢，乘勢順流而為，商品或服務的成功機率就會隨之提升。

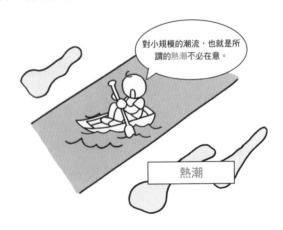

> 對小規模的潮流，也就是所謂的熱潮不必在意。

熱潮

總體環境

大師科特勒（☞ P.20）曾經表示，企業必須留意位在下圖外側這個由六項因素所組成的圓，以掌握社會上的主流趨勢。這些因素都是企業無法憑一己之力控管的「總體環境」。企業無法改變這樣的趨勢，故必須洞悉潮流走向，隨時因應。

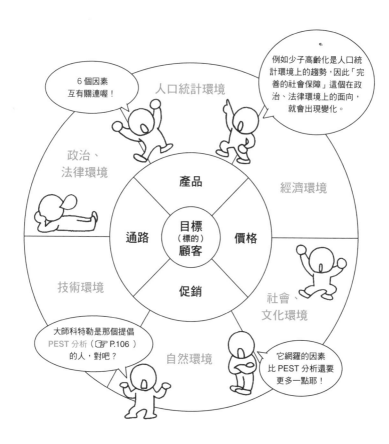

☞ P.20

為什麼圓的中央部分要放入行銷（麥卡錫）的 4 P（☞ P.22）？因為 4P 是企業可以自行控制的因素。而行銷的功能，就是要因應這些企業無法掌控的總體環境趨勢，並設法讓它們與處在市場中心處的顧客相互連結。

產品策略

產品策略

產品

product、市場提供物

　　一聽到「產品」這個字，往往會讓人想到人工製造的工業產品。然而，行銷所服務的對象，並不只限於這樣的產品。行銷大師科特勒（☞ P.20）認為，凡是為滿足消費者需求而供應到市場上的，都可稱之為產品（Product），並將下列十種產品劃歸為行銷的服務對象。

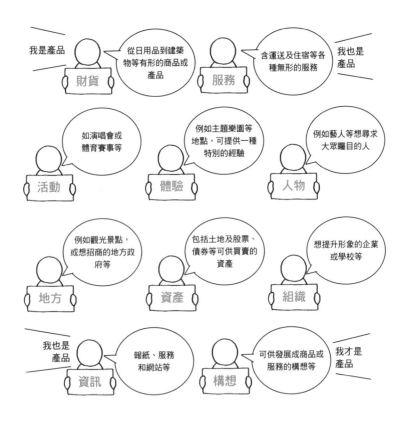

　　簡而言之，世上所有事物都可成為行銷服務的對象。把人和資訊都歸類為產品，或許會讓人有些抗拒。因此，當行銷專業書籍想用更精確的說法來描述時，會將它們稱之為「市場提供物（或稱提供物）」。在美國行銷協會對行銷所下的定義當中，用的也是「提供物」一詞（☞ P.30）。

產品層次

　　行銷大師科特勒也曾說過，產品是分層次（產品層次）的。這裡指的層次究竟是什麼呢？其實就是顧客對產品所期待的價值——也就是顧客知覺價值（☞ P.44）的層次。

　　如下圖所示，產品的層次越高，顧客知覺價值也會隨之提升。

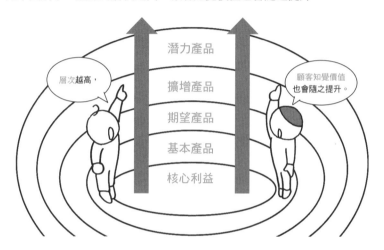

層次越高，

顧客知覺價值也會隨之提升。

潛力產品

擴增產品

期望產品

基本產品

核心利益

核心利益

　　第一個的產品層次是「核心利益」。若以鑽孔機而言，鑽洞（☞ P.42）就是它的核心利益；若以食物而言，填飽肚子就是它的核心利益。它亦可說是回應了顧客要求利益最底限的層次。若產品達不到這個層次，就表示它根本就還不是個可在市場上銷售的產品。

只要是能吃的，什麼都行

因為你餓了呀！

核心利益

基本產品

第二個產品層次是「基本產品」，也就是顧客認為「至少要作到這樣」的基本層次。以提供餐飲的店家為例，至少應具備可供坐下用餐的桌椅、有選擇的菜單，細心烹調的食材等。在開發中國家，商家之間的競爭大多是停留在這個層次。

期望產品

進入到第三個產品層次「期望產品」之後，商家就要確實做好符合顧客正常期待的各項條件，例如乾淨的餐具、安心且安全的食材、一般水準的口味和服務、符合餐點水準的合理價格等。一般店家都符合消費者的這些期待，因此競爭就會落在更划算的價格，或是更好的地段區位。

擴增產品

　　進入第四個「擴增產品」的層次之後，店家做的事，就要超越顧客的期待，例如超乎期待的美味餐點、餐後附贈咖啡、下次消費時可用的折價券等。在已開發國家當中，商店間的競爭都是落在這個層次。然而，當這些服務導致成本上升時，就會出現一些縮減服務，改走低價路線的競爭對手。

潛力產品

　　當各種服務都有人競相模仿、成為司空見慣的常態時，擴增商品就會跌回期望產品的層級。於是第五個產品層次——「潛力產品」便應運而生。企業不以目前的擴增產品自滿，更要不斷在未來超越顧客的期待。不妨試著記錄顧客的生日，當顧客於生日當天來店消費時，為顧客送上驚喜蛋糕？

科普蘭產品分類

在行銷領域當中，產品分類和產品層次同樣重要，因為行銷策略會因為不同的產品類別而有所差異。美國行銷學者梅文・科普蘭（Melvin T. Copeland）就曾提出過一套知名的「科普蘭產品分類」。他依據消費者的購買習慣，將產品分為以下三類。

便利品

「便利品」是消費者經常購買的產品，因此對它們擁有相當豐富的知識。較平價的日用品和食品等，都是深具代表性的便利品。它們都是在需要時立刻就要買到的產品，所以通常消費者會習慣在最鄰近的店家購買。

就廠商的立場而言，此類商品在越多零售商店販售越有利，故需透過經銷商擴大銷售通路。

選購品

　　「選購品」的購買頻率低，消費者對此類產品的了解也不多。由於它們多半價格昂貴，因此消費者通常不會立刻出手購買，而是會貨比三家。舉凡服飾、家具和家電等，都是消費者習慣慢慢選購的的產品。就零售通路而言，店頭最好有多樣選擇可供消費者仔細比較；在店面的地段上，最好也選在人潮聚集的商業區段等地。

特殊品

　　在購買汽車和高級精品等「特殊品」時，價格對消費者而言並不重要，因此他們願意專程到遙遠的專賣店去購買，也全然不以為苦；選購時也不必貨比三家，習慣相中就買。此時廠商應採取的是選擇性配銷（☞ P.177）策略，但門市仍須設在可以廣吸各方消費者上門的區位。

耐久財

產品亦可以它的耐久性或形體有無來分類。例如食品及日用品等很快就用完的是「非耐久財」；冰箱和手錶等可供長期使用的是「耐久財」；至於住宿、諮商等無形的產品則稱為「服務」。非耐久財的行銷重點在於到處都買得到，而耐久財因為多半是高價商品，故必須仰賴人員銷售等手法（☞ P.210）。服務則因為是無形的，所以品質等面向是否值得信賴，就成了關鍵。

生產財

產品也可依用途來分類，也就是供一般消費者使用，或為產業界打造。供一般消費者使用的產品即為「消費財」；而從原料到工具機，這些用來進行生產製造的產品，就是「生產財」。科普蘭產品分類（☞ P.140）是針對消費財所做的分類，而生產財的三種分類則如下圖所示。其中的「資本財」，指的是機器或工具。

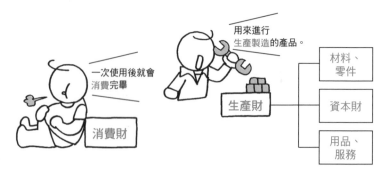

產品線

product line

　　我們稱每個產品為「產品品項」，而許多產品品項的集合起來，就成了「產品線」（**product line**）。產品品項具有深度和廣度這兩個面向的元素。

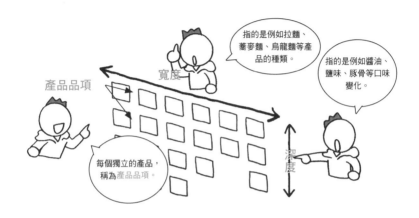

產品組合

　　而眾多產品線的集合起來，就成了「產品組合」（**product mix**）。產品組合則具有寬度、深度、廣度和一致性等四個面向的元素。

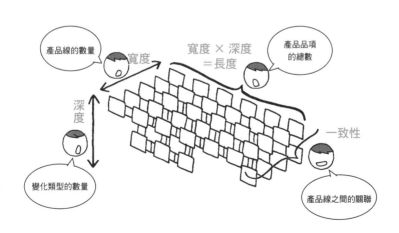

產品包裝設計

　　和產品品項的品質和設計同樣重要的，還有產品究竟該如何包裝，也就是「產品包裝設計」（packaging）這件事。它能幫助產品在店頭吸引顧客的注意，傳達產品的優點，進而讓產品——甚至是品牌（☞ P36）廣受大眾認知，並可為企業貢獻營收及獲利。

　　在製作這樣的商品包裝時，有幾個重點，包括：①要讓消費者一眼就能認明產品（品牌），②簡單易懂地傳達產品資訊，③能保護商品，並且便於運送，④便於在家中存放，⑤便於取用產品等。

產品標籤設計

　　有形的產品上都要「貼標」，而規劃標籤整體的樣貌，就是在做「產品標籤設計」（labeling）。最近越來越多標籤選擇直接印在包裝上。其實一個產品的標籤設計，應具備以下這些功能。

可供辨識產品（品牌）

產品說明

產品宣傳

創新的鐘形曲線

根據美國學者埃弗雷特・羅吉斯（Everett M. Rogers）的說法，出現在市面上的新產品，普及的趨勢都會呈現一個鐘形（Bell）的曲線。羅吉斯稱之為「創新的鐘形曲線」。

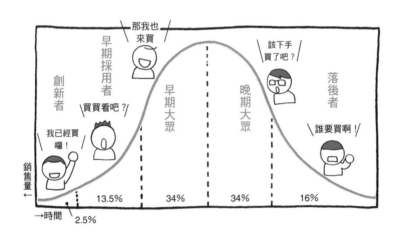

創新者

在「創新的鐘形曲線」當中，縱軸呈現的是銷售量，橫軸表示的則是時間。根據羅吉斯的「創新擴散理論」（Diffusion of Innovations Theory），以購買新產品所表現的心態，可將消費者分為五類。第一個是「創新者」（innovator），人數佔整體的 2.5％。他們喜新厭舊，積極選用最新產品。

早期採用者

　　第二個族群是「早期採用者」（early adopter），佔整體的 13.5％。這個族群對流行很敏感，會自行蒐集創新者的評價等資訊後，再採用新產品。很多早期採用者都成了意見領袖（☞ P.53），此時他們對於新產品是否能順利普及，更具有舉足輕重的影響力。

早期大眾

　　截至早期採用者為止，合計佔比為整體的 16％，是新產品是否能普及的關鍵，有「普及率 16％的邏輯」之稱，突破這個關鍵之後，一般就會說該商品已經普及。緊接著第三個族群是「早期大眾」（early majority），佔整體的 34％。這群人對於採用新產品的態度較為謹慎，但在所有消費者當中還算是較早追隨早期採用者的，亦有人稱之為「搭橋人」（bridge people）。

晚期大眾

　　第四個族群是「晚期大眾」，英文是「late majority」，佔整體的34％。這群人對採用新產品的態度消極，因此會觀望到絕大多數的早期大眾都採用後，才願意接受，亦有人稱之為「追隨者」（follower）。

落後者

　　第五個族群是「落後者」，英文是「laggard」，佔整體的16％。這群人非常保守，對社會脈動也不甚關心，非得等新產品已普及到很稀鬆平常的地步，他們才會採用。其中甚至還有人一生都不會採用新產品……

產品生命週期

Product life cycle、PLC

當新產品普及之後，就會走向現有產品的道路。產品也和人類的生命週期（☞ P.53）一樣，會有「產品生命週期」。在「創新的鐘形曲線」當中，縱軸呈現的是銷售量；而在產品生命週期當中，縱軸用的則是營收和獲利的推移，並依此分為導入期、成長期、成熟期和衰退期這四個階段。

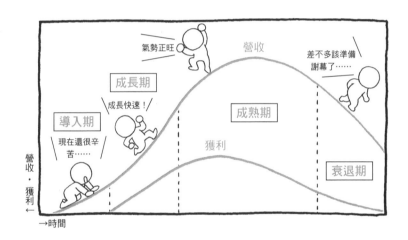

一般認為產品的生命週期是三年，即使是熱銷商品也不例外。有些人或許會覺得這樣時間未免太過短暫，但在行銷上，需視產品處於生命週期的哪一個階段，來調整它的操作策略。而最重要的，莫過於適時的「產品策略」了。

導入期

在產品進入市場之初的「導入期」，營收只會緩步成長，同時又必須在促銷上投注費用，因此多半入不敷出，即使有獲利也相當微薄。

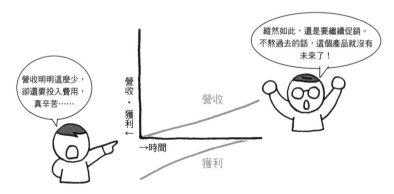

這時的產品策略是要繼續促銷，即使虧損也在所不惜。可提升認知度的廣告，以及對通路的銷售指導等，都是不可或缺的操作。

成長期

實力堅強的產品，在進入「成長期」之後，營收就會急速成長，獲利也可望大幅改善，而購買族群也會隨之擴大。不過，發現這個趨勢變化的競爭者，亦會推出競爭產品。

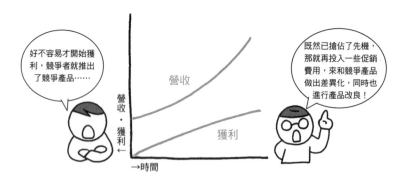

成熟期

　　進入「成熟期」，產品的鋪貨大致上已遍及整個市場，因此營收成長率趨緩。此時的獲利會呈現穩定，或因與競爭者間的廝殺，而使獲利下滑。成熟期所持續的時間，會比導入期或成長期更久。

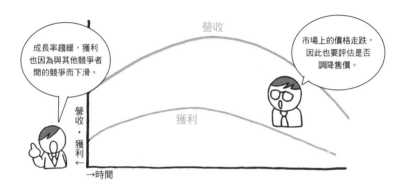

　　這個階段的需求以舊換新為主，因此也需要祭出調降售價等策略。若能提供消費者新的使用方式建議，就能延長成熟期。

衰退期

　　在「衰退期」時，消費者的喜好劇烈變化，自家產品與競品間陷入激戰，替代品（☞ P.83）更相繼問世。這些因素都會造成營收下降，獲利萎縮。有些競爭者會在此時選擇退出市場，而剩下的企業也被迫決定去留。

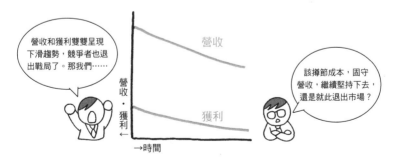

　　這時企業面臨的抉擇是：究竟要撙節促銷等成本，同時力求穩住營收，以繼續經營這款產品？還是要就此撤退，改祭出其他新商品？

商品計畫

「商品計畫」（merchandising）在流通及零售業經常被用來指稱「商品齊全度（進貨、庫存）」。當我們思考商品齊全度時，應從深度、廣度和一致性三個面向來考量。

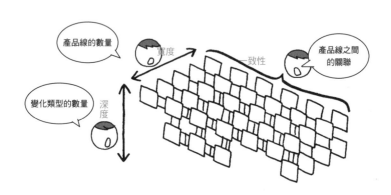

五個適當

商品計畫的定義當中最知名的，就是「五個適當」。換言之，所謂的商品計畫並非只看品項齊全度，還包括該如何銷售，以及訂定價格等。

ABC 分析

重點管理法、柏拉圖分析

「ABC 分析」（又稱重點管理法、柏拉圖分析）是個在產品及原物料庫存管理上常用的手法。它依營收高低來將庫存分為 A、B、C 三個等級，並將重要者列入重點管理，不甚重要者則採取相應的管理，藉以合理分配庫存管理的勞力和成本。透過呈現營收佔比累計的圖表來思考，應該更容易理解。

在上述這個例子當中，我們將營收佔比累計達 70％的這些品項視為 A，71％～ 90％的品項設為 B，91％以後的品項列為 C。將佔 70％的 A 列入重點管理，佔 20％的 B 採取中庸管理，佔 10％的 C 省錢省力的庫存管理。如此一來，就能合理地減少庫存管理所耗費的勞力和成本。

前頁下方插圖人物的對話正是 ABC 分析的精神。觀察前頁上方的圖表，可以發現貢獻 80％營收的，其實僅佔整體品項數的 20％。換言之，只要確實管理好這 20％的庫存，就能管理好 80％的營收。循這樣的思維繼續推演下去：

柏拉圖法則

從 ABC 分析當中發現這個數字邏輯的，是 19 世紀的義大利經濟學家維弗雷多・柏拉圖（Vilfredo Pareto）。柏拉圖調查了義大利的國民所得，發現「20％的人口，掌握了 80％的財富」，這就是著名的「柏拉圖法則」，又有「20／80 法則」（或 80／20 法則）之稱。如下圖所示，目前這個法則已廣泛運用在許多領域上。

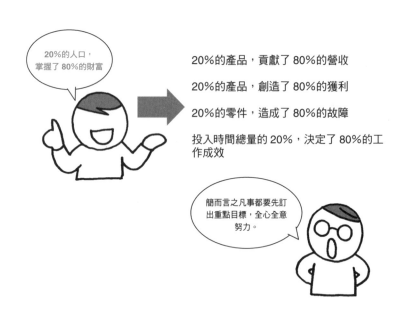

價格策略

價格策略

定價

Pricing

　訂定商品或服務的價格稱為「定價」（**pricing**）。定價時的第一個重點，在於釐清訂定價格的目的為何。

〈例1〉**以**業績不振，面臨存亡危機的企業**為例**

　此時，定價應以公司的救亡圖存為目的。因此，需在成本之上再加足獲利，定出一個保證獲利的價格。

〈例2〉**以**新官上任三把火，想創造績效的經營主管**為例**

　經常利益當然也可以是定價的目的。企業可先預測售價和營收的變化走勢，定出一個能讓經常利益創新高的價格。然而，過度重視短線的業績表現，最後反而可能會損失長線的獲利。

〈例3〉**以**想用高品質當上業界龍頭的企業**為例**

　這個目的其實也是可以成立的。如此一來，就要以品質為優先，訂定一個足以支應成本開銷的價格，當然也不會賤價出售。

　除了以上的例子之外，下一頁還有幾個較具代表性的定價目的。

市場滲透定價法

以爭取市佔率為目的的定價，就是「市場滲透定價法」。企業為讓產品或服務在市場上滲透，設定打平成本、或甚至是賠本出售的價格，其他競爭者根本無從追隨。

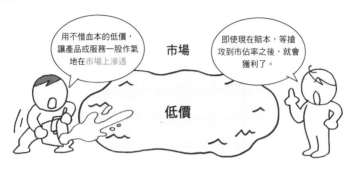

至於這種定價法要如何獲利，其實靠的是在搶攻到市佔率之後，因大量生產而降低的成本。只要成本降到售價以下，就會有獲利。

吸脂定價法

「吸脂定價法」則與市場滲透定價法正好相反，定價的目的是「一開始就要有獲利」。在這種思維下，會對產品或服務訂定較高的價格，設法在上市之初就回收研發等成本。

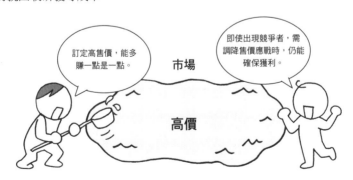

萬一競爭者以低價切入呢？此時大可降價應戰。由於研發等成本已於上市之初回收，因此即使降價，仍能確保一定程度的獲利。

需求曲線

定價也會因消費者對價格的敏感度而有所不同。只要調查消費者的需求在各個價格區間會有多少增減,即可繪出一條「需求曲線」。

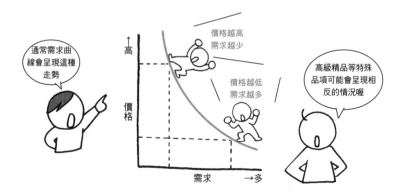

通常需求曲線都是朝右下傾斜,但高級精品等消費者認為越貴越好的物品,則會呈現朝右上的走勢。

價格彈性

需求曲線的走向,會因需求對價格變化的敏感度而改變。當需求變化越大時,就代表「價格彈性越大」;反之,需求變化越小時,就代表「價格彈性越小」。

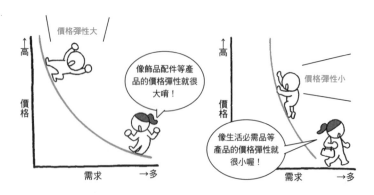

加成定價法

定價最基本的方法，就是在產品所花費的成本上，再加入賣方所期待的獲利來定出價格，也就是所謂的「加成定價法」（markup pricing）。這裡的「加成」，指的就是獲利的成數。

這種思維乍看之下很合理，但定訂價格時，消費者的需求和競品等因素也不容忽視，故仍應評估其他定價方式。

目標報酬定價法

不僅考量成本，也顧慮產品的研發及設備投資等因素的定價方法，稱為「目標報酬定價法」（target return pricing）。這裡的「目標報酬」，指的是賣方對該筆投資金額所期待的報酬。

這個定價方法的問題，在於它不考慮需求和競品的狀況。此外，若實際銷售量與預期不符，便無法賺得期望報酬，這也是一大隱憂。

知覺價值定價法

定價時不看賣方的成本或投資額，而是調查、分析買方對商品或服務所感受到的價值——也就是所謂的顧客知覺價值（☞ P.44），藉以訂定售價的方法，稱為「知覺價值定價法」（perceived value pricing）。

若調查結果呈現的售價低於成本，該如何是好？顧客知覺價值可藉由許多手法來提升（☞ P.45）

超值定價法

不降低商品或服務的品質，卻訂定一個破盤的低價，藉以吸引買氣。這種方法就稱為「超值定價法」（value pricing）。舉凡超市所販售的自有品牌（☞ P.182）商品等，就是很簡單易懂的例子。

價格敏感度測試

　　這裡我們先岔題一下，來看看採用知覺價值定價法時，要如何調查顧客知覺價值。「價格敏感度測試」（Price Sensitivity Management，簡稱 PSM）這種手法，是用來調查、分析消費者對商品或服務的四種價格有何感受。在進行調查時，首先要向消費者說明商品或服務的內容，再問以下四個問題。

　　經向多位受訪者詢問以上四個問題，並計算出這些答案的累計百分比之後，就可畫成下圖這樣的圖表。這樣一來，圖上這四條線交錯而成的四個交差點，便呈現出四種價格。

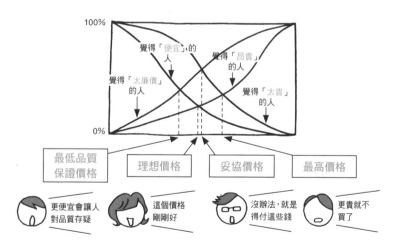

　　PSM 分析可像這樣調查消費者的知覺價值，進而訂定出一個需求最旺盛的價格。

每日低價定價法

　　讓我們再看看超值定價法的幾種類型。舉例而言，在終端零售通路會祭出的是「每日低價定價法」（everyday low pricing，簡稱 EDLP）。這些店家雖然幾乎不打折，但隨時比其他商店便宜。

　　日本的西友超市曾辦過以「每日低價」為名的活動，其實這個文案是大有來頭的行銷用語。

高低定價法

　　「高低定價法」（high-low pricing）的操作手法，是平常都以一般價格銷售，只有在特定期間才會祭出比「每日低價」更便宜的售價，也就是各位熟悉的折扣促銷。

現行價格定價法

定價的第五種方式，就是「現行價格定價法」（going-rate pricing），也就是以競爭者為基準，訂出自家商品或服務的價格。日用品等較難差異化的產品，可與競爭同業訂於相同價位，比價格領袖（☞ P.170）稍低。

拍賣定價法

由於網路的普及，拍賣式的價格設定手法也日漸成為常態。對賣方而言，「拍賣定價法」（auction pricing）的優勢在於出清庫存或出售中古產品時均可使用；對買方而言，「拍賣定價法」（有時）可讓買方買到划算的商品或服務。

除了網路拍賣之外，在一般商業市場上舉辦的「公開競標」等，也是拍賣定價法的一種。

調適價格

　　價格並非只能定於一尊。企業會因地區、市場、購買時期及數量等因素，而調整售價。基於眾多因素考量之下調整售價的做法，稱為「調適價格」。

地理性定價

　　調適價格當中最具代表性的例子，就是「地理性定價」。對於出口型企業而言，依據買受國的情況來調整售價是很稀鬆平常之事。即使是在國內銷售，也會針對運送距離較遠的地區另行調整售價。

　　當然企業也可選擇由賣方吸收這筆運送成本，在全國甚至全球都訂定相同售價。這樣消費者更會選購，產品或服務更有機會熱賣。

折扣

　　對於以現金付款，或是大量採購等顧客，賣方有時反而會調降價格，也就是提供「折扣」（Discount）。因為付現對於賣方的資金調度上有利，大量採購則有助於平衡人事費用等成本。折扣的主要型態主要如下圖所示：

現金折扣

我付現喔！

感謝惠顧，為您做折扣。

對賣方而言，現金付款的優點，是可省去支票等票據兌換的手續費，也不必負擔在收到款項前的利息壓力

數量折扣

我要大量採購喔！

感謝惠顧，為您做折扣。

對賣方而言，相較於少量多次銷售，現金付款的優點，是人事費用等成本較低。

季節性折扣

雖然現在不是當令旺季，但我願意住宿！

感謝惠顧，為您做折扣。

這種折扣常用在淡季空房較多的飯店、空位較多的航班、冷氣安裝和搬家等服務。

折讓

我賣了很多喔！

感謝惠顧，付您銷售獎勵金。

賣方會依交易金額高低，付給通路業者（☞P.173）一定金額的銷售獎勵金。雖非直接給予折扣，但實質效果形同降價。

　　折扣是一種很有效的促銷手法，但若不謹慎操作，恐將衝擊獲利。當折扣幅度過深，超出現金付款或大量採購所帶來的成本撙節效益時，最終賣方還是會出現虧損。別忘了，折扣其實是一種會衝擊獲利的調適價格。

促銷定價

為了促銷而調整（調降）價格，就是所謂的「促銷定價」。其中極具代表性的，應該是做特賣或活動時的「特殊價格」。它在促銷定價中有個名稱，叫做「特殊事件定價」。

除了在特賣時訂定特殊價格之外，促銷定價還有像右上方所呈現的這些手法。它們雖未調整售價，但實質上是一種降價的促銷定價。

犧牲打定價

促銷定價當中最具代表性的，就是「犧牲打定價」（loss leader pricing），也就是所謂的「超值商品」。「犧牲」意即造成損失，也就是說這些商品本身以不敷成本的低價賠錢出售，但前來搶購這些超值商品的顧客則會：

換言之，這種定價法是以超值商品來集客，再讓上門的顧客購買其他高獲利率的商品，以截長補短的方式確保賣方獲利。

差別定價

依顧客屬性、產品、地點等條件而調整價格的定價方式,稱為「差別定價」。以可樂為例,在自動販賣機上的售價和在速食店的售價雖不相同,但顧客卻都能欣然接受,掏錢購買。

除了可樂之外,舉凡因顧客身份不同而有不同價格的電影等票券,或價格會因時期而變動的機票等,都是差別定價。

價格線

當我們從產品線或產品組合(☞ P.143)來思考定價時,可用「價格線」(price line)的方式來定價,分別為平價品、中級品、高級品這些不同等級的產品,定出固定的價格。

分為三個等級時,一般認為有五成的營收都會流向中間等級。因此,若將高利潤商品放在中間,獲利也會隨之提升。

專屬產品定價

「專屬產品定價」（captive product pricing）是依產品組合來定訂價格的方式之一。它的英文「captive」這個字帶有「人質」的意思。以墨水匣為例，印表機就是人質。

換言之，在這個例子當中，賣方的定價策略已考量到墨水匣所帶來的利潤可期，故印表機就能以較低價格銷售。

兩階段定價

另外，在服務上常見的是「兩階段定價」（two-part tariff），也就是將費用分為兩個階段，除了定額的基本費之外，還會依服務的使用量收取一筆浮動的使用費。各位最熟悉的智慧型手機計費方案，就是兩階段定價。

由於賣方早已預期要以收取使用費來獲利，為求降低服務使用門檻，會設法降低基本費。

心理定價

定價法談到最後，讓我們來看看如何剖析消費者的心態。所謂的「心理定價」並不是一套經系統化整理的定價手法，不過，一般常見的心理定價類型，大致如下圖所示。

畸零定價

哇！98圓，好便宜喔。

將價格訂定為98圓、19,800圓等金額，給消費者一種便宜的印象，尾數多半用8不用9，常見於食品、日用品等。
註：在日本「8」有吉利的涵義。

名望定價

名牌精品要越貴越好唷！

這種情況下，消費者認為價格代表了一定程度的品質保證，因此訂定高價可彰顯商品價值，常見於珠寶、藝術品、化妝品等。

習慣定價

口香糖大概是這個價位吧。

商品或服務已有大眾習以為常的行情價，故消費者認為商品就該是那個價格。例如口香糖、喉糖、罐裝飲料等。

梯狀定價

還是把它擺中間吧！

它指的就是價格線（☞P.167）。此法能幫助消費者更加易於挑選商品或服務，減輕消費者的的心理負擔，常用於餐飲、服飾。

均一定價

真開心！這些通通100圓。

所有商品或服務皆採均一價，給人通通都便宜的感覺，例如百圓商店、○○圓均一價特賣等。

差別定價

雖然貴了一點，但還是大手筆買了Ｓ區座位。

昂貴的Ｓ區座位給人尊榮感，淡季的破盤價則給人超值感。常用於劇院、團體旅遊等。

價格領袖

　　不論採取哪一種定價法，都不能忽視業界龍頭的價格。由市佔率第一的企業所訂定的價格，多半都會成為業界的標準，這樣的企業就稱為「價格領袖」。

　　定價方法五花八門，不論選哪一種，在訂定價格之際，仍必須同時考量各式各樣的因素。

通路策略

通路

所謂的「通路」（channel），指的是事物流經的途徑。電視的「頻道」（channel），也是因為它供影像或聲音訊號流通而有此稱呼。行銷一般會考量三種通路，分別是「溝通管道」（溝通通路，communication channel）、「配銷通路」（distribution channel）和「銷售通路」（sales channel）。

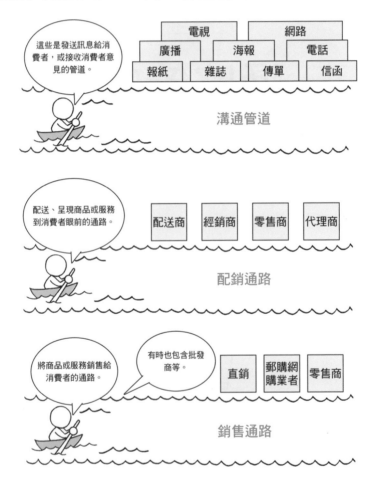

在這三者當中，溝通管道會留到 Chapter9 再談。因此這裡會先透過配銷通路和銷售通路這兩個面向，來探討通路策略。

配銷通路

為什麼需要有「配銷通路」呢？請看下圖。倘若沒有批發商及零售商等配銷業者，廠商就要各自將商品或服務送到消費者手中。那麼配銷途徑就會變多，種類也變龐雜。

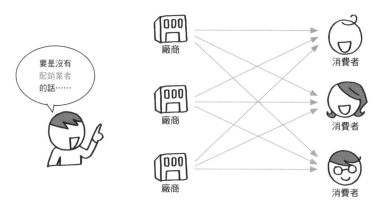

這時只要有一家配銷業者加入，整個配銷途徑就會變得很簡潔。

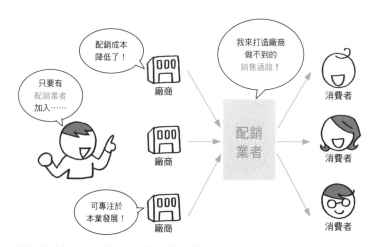

配銷業者存在的優點，在於它們能降低廠商在配銷成本上的負擔，廠商亦可專注發展本業。

此外，專精配銷的業者，還能拓展出廠商開發不了的銷售通路。

推動策略

　　行銷策略會因配銷通路的選擇而受到影響。舉例來說，賣方究竟該在「推動策略」和「拉動策略」上投注多大力道，會依通路不同而異。

　　在「推動策略」當中，廠商會策動配銷業者合作，設法讓消費者願意掏錢買單。

　　廠商會動員自己的銷售團隊，向配銷業者大力宣傳自家產品，而聽了這些宣傳的配銷業者再向消費者宣傳。一般認為，推動策略適合於品牌忠誠度（☞ P.74）較低，或消費者在店頭才選擇想要的商品或服務等情況下使用。

拉動策略

另一方面，「拉動策略」則是由廠商投放廣告，或直接舉辦以消費者為訴求對象的宣傳活動，促使消費者向配銷業者要求產品上架銷售的措施。

當配銷業者接收到消費者的需求後，會向廠商下單。整個流程脈絡雖與推動策略相反，但結果同樣是能讓商品或服務賣出去。

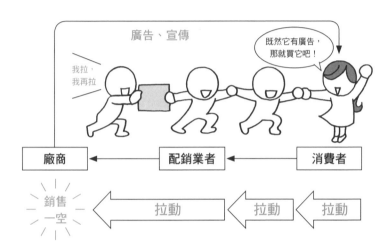

拉動策略和推動策略正好相反，於品牌忠誠度較高，或消費者到店選購前就已決定購買何種商品或服務等情況下使用，效果最佳。

許多企業都會搭配使用推動策略和拉動策略，但會依通路不同，選擇側重於其中一項策略上。

行銷通路

「行銷通路」這個詞，有時會用來統稱 P.172 所提到的三種通路，有時則單指配銷通路。

當行銷通路一詞用來指配銷通路時，決定行銷通路長度的，是會有幾種配銷業者參與其中。

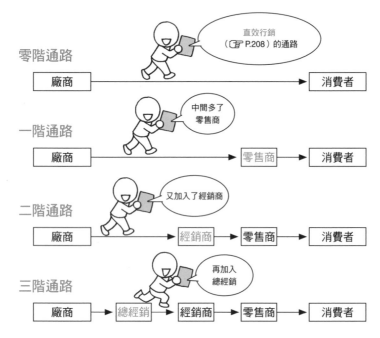

除此之外，還有一種通路型態，就是由廠商自行設立販社，即所謂的專銷公司，負責將產品銷售給零售通路，以取代現有的經銷商。

通路的階層越多，整條行銷通路就越長，廠商也越不容易取得顧客的資訊，因此很難掌控整條通路。

行銷通路除了注重長度之外，廠商還要決定它的密度——也就是經銷商等配銷業者的「數量」。第一個選擇就是嚴格篩選。這種方式稱為「獨家配銷」（exclusive distribution）。

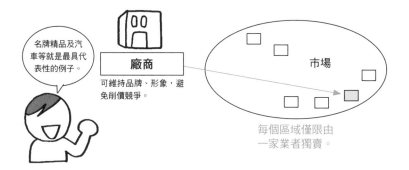

第二個選項，是廠商從有意承銷商品或服務的配銷業者當中，選擇幾家合作交易。這種方式稱為「選擇性配銷」（selective distribution）。

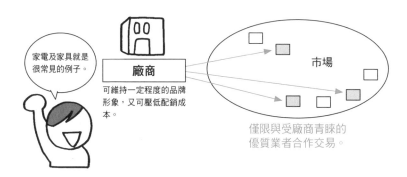

而第三個選項，則是以盡可能在最多店家銷售商品或服務為目標。這種方式稱為「密集性配銷」（intensive distribution）。

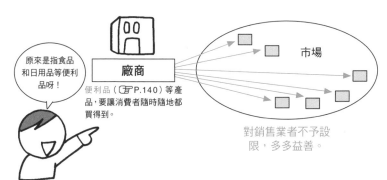

垂直行銷系統

VMS

在傳統的行銷通路當中，廠商和配銷業者之間常發生利害衝突。這是因為每家公司都是獨立的企業，都以自己的利益為優先，即使會對整條通路不利時亦然。在這樣的背景下，「垂直行銷系統」（VMS：Vertical Marketing System）的概念便應運而生。換言之，就是讓行銷通路成為一個系統來運作。

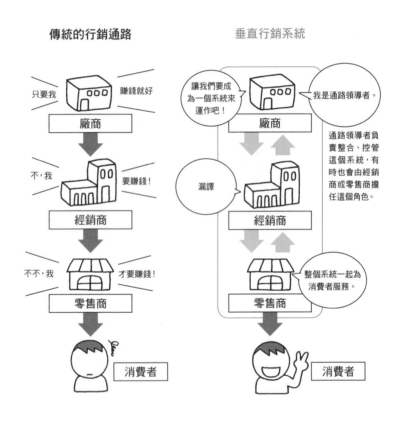

傳統的行銷通路

只要我　　　賺錢就好

廠商

不，我　　　要賺錢！

經銷商

不不，我　　　才要賺錢！

零售商

消費者

垂直行銷系統

讓我們要成為一個系統來運作吧！

我是通路領導者。

廠商

通路領導者負責整合、控管這個系統，有時也會由經銷商或零售商擔任這個角色。

漏譯

經銷商

整個系統一起為消費者服務。

零售商

消費者

在垂直行銷系統當中，從廠商到零售商，串聯成一條垂直的系統，發揮它該有的功能，避免彼此利害衝突。此外，串聯成系統後的規模變大，對外協商籌碼整合，省去重複的服務等，這些因素都會為系統內的成員帶來利多。

水平行銷系統

再者，若原本互不相關的企業，為開拓市場而整合彼此的行銷通路，則稱為「水平行銷系統」（horizontal marketing）。例如服飾品牌與家電廠商共同經營門市，或在便利商店裡設置銀行自動櫃員機等。

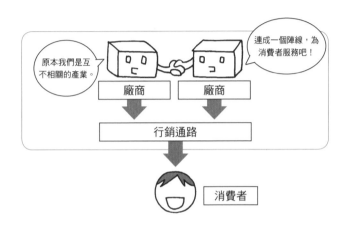

多元通路行銷系統

後來還衍生出了另一種概念，主張當企業有多個目標族群時，不妨就選用多條行銷通路。這種概念叫做「多元通路行銷系統」（multi-channel marketing）。例如一家企業旗下既開燒肉餐廳，又經營甜甜圈連鎖店，採行的就是多元通路行銷系統。

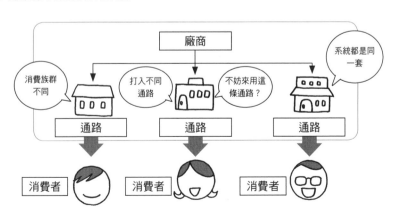

供應鏈管理

SCM

　　配銷通路所涵括的範圍越來越廣。以往它的起點是廠商，如今卻有朝更上游發展的趨勢。在「供應鏈管理」的概念當中，已將零件供應，甚至零件的原料供應商都納入考慮。垂直行銷系統與供應鏈管理的比較如右頁插圖所示，從圖中可看出兩者之間的差異。

　　運用這種將配銷通路視為供應鏈的經營手法——「供應鏈管理」（SCM：Supply Chain Management），可縮短通路中各家企業的等待時間，降低庫存，提高稼動率等，有助於撙節成本、改善經營效率。供應鏈管理的效益還能擴及到消費者，例如消費者購買電腦時可指定配備規格等。

　　這種銷售方式稱為「接單生產」（BTO，Built To Order）。許多人都認為，接單生產是供應鏈管理運用上最具代表性的成功案例。

　　運用 IT 技術建構而成的資訊系統，不僅實現了「接單生產」模式，在供應

鏈管理的整體應用上，它更是個不可或缺的要角。而這樣的資訊系統，有時亦可稱為「SCM 系統」。

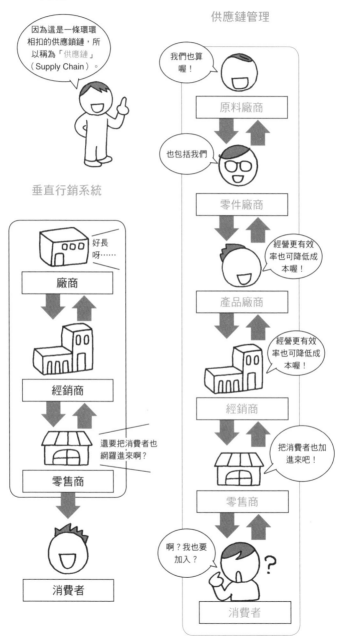

自有品牌

PB

在行銷通路的零售階段，目前有一個很風行的趨勢，那就是「自有品牌」（**Private Brand**，簡稱 **PB**）。它是由經銷商或零售商自行開發、銷售的品牌。各位應該都很熟悉。這種自有品牌的品質多半不比大廠產品遜色，卻依然能壓低價格。

自有品牌是零售商的自家商品，獲利率相對豐厚，又可與其他店家做出差異化，因此店家會將它陳列在特別醒目的貨架上，積極推銷。此外，當零售商祭出「每日低價」（☞ P.162）策略時，自有品牌商品便成了店內的台柱。

全國性品牌

相對於自有品牌的，是由大廠所推出的商品，稱為「全國性品牌」（**National Brand**，簡稱 **NB**）。全國性品牌多半會投放廣告等，品牌認知度較高，並以可在全國各類商店買到為優勢。消費者有時甚至會對部分特定商品懷有強烈的品牌忠誠度（☞ P.74）。

運籌

策略性物流

　「運籌」（logistics）一詞本來是軍事用語，中文稱為「後勤」，也就是依作戰計劃調度武器、人員和物資等，送到前線進行補給的所有活動。後來這種概念被運用到企業管理上，便將企業從原料採買到製造、銷售過程中，對貨物流向所進行的管理，稱為「運籌」（策略性物流）。

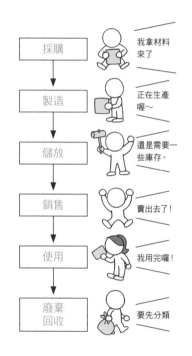

企業所管理的貨物流向，大致分類如左圖。而「運籌」就是要讓這整個流程最適化。因此，它和單純的物流不同，若一定要說它是物流，則應稱之為「策略性物流」。

此外，為讓貨物流向管理達到最適化，需做多方努力。而「運籌」就包括了需求預估、庫存管理、訂單處理、售後服務、退貨處理、廢棄物處理與回收等面向，其中又以下列四者最為關鍵。

訂單處理	儲放	庫存	運送
要是訂單得花大把時間處理，生意就做不成了。	要設一個統倉，還是分設在各地？	留庫存就會有成本，不留庫存可能會缺貨。	什麼運送方式最迅速又確實？

溝通策略

行銷溝通

　　廣義而言，「行銷溝通」就是向消費者傳遞訊息。因此，行銷4P（☞P.22）個個都是溝通方式。從事行銷工作的人，不妨想想該如何妥善運用每一種溝通方式，向消費者傳遞訊息。

哇，這個設計好酷！

價格也還算親民。

真好！到處都買得到。

這些也都是行銷溝通。

　　另一方面，狹義的「行銷溝通」是以第四個P——促銷（Promotion）為目標，也就是4C（☞P.27）當中的第四個C。本段謹介紹行銷大師科特勒所倡導的六種溝通手法。

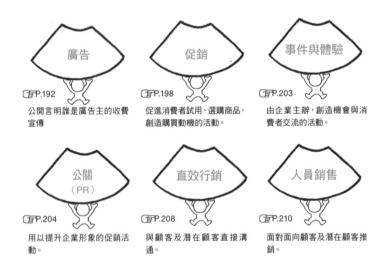

廣告

☞P.192

公開言明誰是廣告主的收費宣傳

促銷

☞P.198

促進消費者試用、選購商品，創造購買動機的活動。

事件與體驗

☞P.203

由企業主辦，創造機會與消費者交流的活動。

公關（PR）

☞P.204

用以提升企業形象的促銷活動。

直效行銷

☞P.208

與顧客及潛在顧客直接溝通。

人員銷售

☞P.210

面對面向顧客及潛在顧客推銷。

　　在這六者當中，最基本的是廣告、促銷、公關和人員銷售，有時還會再加入「口碑」（☞P.260）。

溝通組合

促銷組合

在前一頁當中，我們將六種溝通手法分別寫在扇形圖案裡。這些溝通手法的運用重點在於如何搭配，也就是所謂的「溝通組合」（或稱促銷組合）。

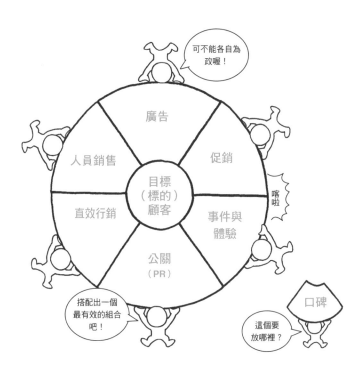

溝通組合與行銷組合（☞P.28）一樣，都不能各自為政。有效地搭配運用，才是溝通組合的真諦。

訊息策略

　　在溝通上若想得到好的反應，「溝通內容」、「如何溝通」和「由誰傳播」就顯得特別重要。而在這三者當中的「溝通內容」，就取決於「訊息策略」。訊息策略可分為兩種：一種是訴求與商品或服務直接相關的品質、設計和價格元素等，另一種則是訴求與商品或服務非直接相關的流行趨勢、人氣指標及悠久傳統等。

創意策略

　　決定訊息「如何溝通」的，則是「創意策略」。它指的是訊息該選用何種溝通方法，以及如何進行訴求。

　　創意策略也和訊息策略一樣，可分為兩種手法：一種是詳加說明商品或服務的相關資訊，另一種手法則是傳達別的概念，而不是訴求直接的資訊。

訊息來源

最後，「由誰傳播」訊息也很重要。電視等媒體廣告常會選用名人，而且還是形象正面的名人來代言，原因就在這裡。「訊息來源」給人的可信度是個關鍵，一般認為，具有豐富專業知識的「專業性」，讓人感覺所言不假的「可靠性」，以及「吸引力」這三個因素，是影響訊息來源可信度的重要因素。

月暈效應

承上，這裡希望各位記住的是「月暈效應」（Halo Effect，又稱光環效應、暈輪效應）。「halo」原義是太陽或月亮四周的光暈，又被用來比喻聖像等神的光環、暈輪。它是一種心理學上的現象，意指當事物有個特別明亮璀璨的部分時，就會令人感到炫目刺眼，連帶使人對其他部分的評價也產生扭曲。舉例來說，當一位有型的名人出現在廣告上時，應該有不少人會覺得他所代言的商品看來也格外出色吧。

品牌溝通

《品牌溝通的理論與實務》（Advertising and Promotion Management）一書的作者——約翰・羅西塔（John R. Rossiter）和賴瑞・培西（Larry Percy）主張，行銷溝通可獲得以下的效果：

品類需求

即使是前所未有的商品或服務，行銷溝通都能讓消費者發現該品類（category）是自己目前所需要的。

雖然以往沒有這種東西，但我認為它是有需要的。

品牌認知

當企業投入行銷溝通後，消費者可在商品或服務所屬的品類當中，辨識出該企業的品牌。

市面上這種類型的商品有 ×× 和 ○○。

品牌態度

當企業投入行銷溝通後，能讓消費者對該企業的品牌懷有好感，進而抱持友善的態度。

市面上這種類型的商品當中，○○似乎是比較好的。

品牌購買意願

當企業投入行銷溝通後，能讓原先對企業品牌抱持友善態度的消費者，進而願意考慮購買該品牌商品。

若要買這種類型的商品，就試試○○好了。

刺激品牌買氣

當企業投入行銷溝通後，能力抗競品的促銷，讓購買意願化為實際的購買行為。

雖然 ×× 在特價，但我還是買了○○。

溝通管道

　　實際上負責傳播訊息的，則是「溝通管道」（☞ P.172）。溝通管道五花八門，但大致可分為以下兩類。

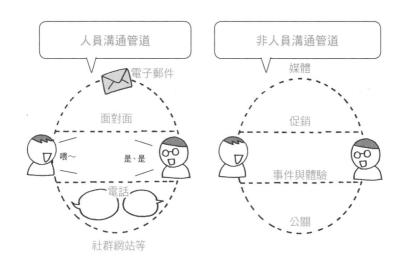

　　一般而言，人員溝通管道會比非人員溝通管道更有效。不過，非人員溝通管道可創造人員溝通管道的契機，因此效果好壞，端看如何運用。

廣告

AD

接下來，就讓我們逐一來看看行銷上的溝通手法。首先第一個要談的是「廣告」（Advertising，簡稱 AD）。廣告可用來長期提升商品或服務的形象，亦可創造立即性的營收，是個運用方便的溝通手法。

電視等類型的廣告可網羅大範圍的觀眾，雜誌廣告則可將訊息傳播給特定族群的讀者。從成本面來考量，廣告的投放類型也琳瑯滿目，例如電視廣告的費用高，廣播廣告則相對便宜等。不論如何，打廣告——也就是所謂「廣告發稿」，可依發稿目的分為以下幾種類型。

讓消費者認識一些以往未認知的新產品或新功能。

說服消費者，引導消費者步步走向好感→偏好→確信，最終連結到購買。

刺激消費者回想起產品（remind），進而回購。

讓正在評估選購的消費者確信這就是正確的選擇。

5M

　廣告發稿究竟該評估些什麼？該決定什麼事項？有一張圖匯總了這幾個問題的答案，通稱為廣告的「5M」。這個工具的好處在於，只要看了這張圖，就能了解廣告的全貌。

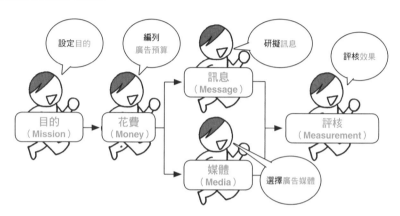

　廣告的目的（Mission）我們已在前頁探討過，稍後也會再談研擬訊息（Message）與媒體選擇（Media），因此這裡讓我們先來看看廣告預算（Money）。一般認為在編列廣告預算時，必須考量以下這五個因素。

廣告媒體

Media

　5M當中的「媒體」（Media），指的是如何選擇發稿在哪個「廣告媒體」上。廣告媒體大致可分為「大眾媒體」、「促銷媒體」、「網路媒體」這三種。

　儘管近年來網路媒體快速崛起，但在日本，企業花在大眾媒體的廣告費仍佔整體廣告費的將近一半。

　這裡我們要探討的是「大眾媒體」。大眾媒體——也就是所謂的 mass media，亦有「大眾傳播的四大媒體」之稱。它包括了「廣電媒體」的電視和廣播，以及「印刷媒體」的報紙和雜誌。四大媒體所包含的廣告類型和其特色如下所示。

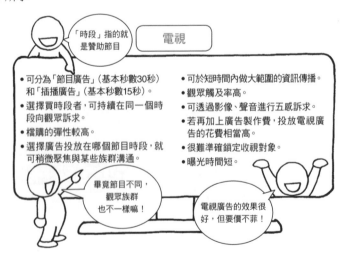

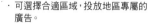

廣播

- 和電視廣告一樣，可分為「節目廣告」和「插播廣告」。
- 多以20秒為單位。

在廣播上買「節目廣告」和買「插播廣告」的優點，與電視廣告相同。

- 可選擇合適區域，投放地區專屬的廣告。
- 即使加上廣告製作費，投放電視廣告的花費相對較低。

看來投放廣播廣告比較便宜喔！

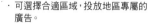

報紙

這裡指的是廣告的大小。

- 日本的報紙全版共有15段，廣告尺寸可分為全版、10段、7段、5段、半5段、3段六分之一（雜誌廣告）、3段八分之一（書籍單行本廣告）等

- 位置則可分為新聞下、新聞中、報頭下等。

這裡指的是廣告在版面上的位置。

- 報紙的信用好，因此廣告也較能搏得讀者信任。
- 適合用來精準傳達聯絡方式及價格等文字資訊。
- 可選擇刊登規模和地區，例如全國性報紙、區域性報紙（跨兩個以上的縣）、地方性報紙。

報紙廣告好像比較可信。

雜誌

這裡指的是廣告的大小。

- 可分為內全頁、跨頁（2頁）、三折頁、直1/2內頁、橫1/2內頁等

- 位置則可分為封面裡、封底裡、封底、目錄頁對頁、專欄對頁等。

這裡指的是廣告在雜誌當中的位置。

- 不同雜誌會有不同的讀者群，因此可藉此做出區隔（另P.65）
- 亦可依讀者生活型態來選擇投放在這些雜誌。
- 承上，選擇投放在那些雜誌，就顯得格外重要。

Chapter 9

溝通策略

觸及

在選擇媒體時，必須考慮投資報酬率。畢竟要價越高的媒體，它的廣告效果不見得最好。評核廣告效果的量尺種類五花八門，這裡首先要介紹的是「觸及」（reach），也就是訊息投放在該媒體後，於指定期間內所觸及到的人數。一般在廣告上會用的是觸及率，以百分比的方式呈現。

接觸頻率

「接觸頻率」的英文是「frequency」，指的是訊息在指定期間內，透過該媒體觸及的次數，通常會採計每人的平均觸及次數。

「觸及」會以百分比的型態，來呈現訊息觸及的範圍廣狹；而「接觸頻率」則是用次數來呈現觸及深度的量尺。一般大家會認為接觸頻率多多益善，但有時太頻繁的曝光，可能會招致消費者的反感。

衝擊度

　　無趣的廣告曝光再多次，也只是礙眼而已。因此，訊息的品質就是個重要的問題了。所謂的訊息品質，指的就是「衝擊度」（impact），也就是訊息透過特定媒體傳播時的品質。附帶一提，在行銷廣告上，當提到○○電視台、××報等特定媒體時，也會稱它們是「載具」（vehicle），而不是媒體（media）。

GRP

　　其實一般在評核廣告的投資報酬率時，鮮少用到衝擊度這項指標，比較常用的是觸及率乘上接觸頻率，所算出來的「毛評點」（Gross Rating Point，簡稱 GRP），亦稱為總收視點，指的是廣告觸及到目標族群的累計總量。在電視廣告領域會用「累積收視率」來衡量廣告投放的效益，此外，計算廣告發稿量時，有時也會先訂出「目標：GRP ○%」等指標。

GRP＝觸及率 × 接觸頻率

GRP＝ 50% ×20 回＝ 1,000%

銷售促進

促銷、sales promotion、SP

　　緊接在廣告之後,要介紹的第二個溝通手法是「銷售促進」(促銷),英文是「sales promotion」,亦可簡稱「SP」。促銷可分為促銷活動和促銷廣告,促銷活動如右圖所示,手法琳瑯滿目,它們無非都是為了要推薦消費者試用商品或服務,進而讓消費者購買更大量、更多次,以創造消費者的購買動機(incentive)為目的。

　　各位應該很常看到以消費者為對象的促銷,想必對它並不陌生。然而,其實企業還會進行以配銷通路(☞ P.173)為對象,和以自家業務人員為對象的促銷。

以消費者為對象的促銷

派樣	提供試用品或樣品
折價券	提供折價券
兌換券	提供兌換券
示範	現場示範使用商品或服務
店頭陳列	將商品或服務擺放在店頭
集點	集點兌換商品或獎品
現金回餽	將部分消費金額回饋給顧客
展售會	辦展覽
贈品	凡購買商品或服務就送贈品
紀念品	凡購買商品或服務就送小紀念品

請！

哇，好棒！

兩者合稱「誘因」
（incentive）

這兩招是用禮品來挑起購買意願。

以配銷通路為對象的促銷

獎勵金、獎勵旅遊	發放獎金或招待旅遊
折讓	依銷售金額回饋一定比例
商展	舉辦商展
經銷輔導	提供促銷資材用品或辦理業務人員的教育訓練

辛苦囉

又稱為「銷售獎金」

有時也會舉辦消費者徵文比賽，或配銷通路的銷售競賽。

以企業內部業務人員為對象的促銷

| 銷售競賽 | 舉辦銷售競賽 |

促銷廣告

在大眾媒體和網路媒體以外的平台所投放的廣告，統稱為「促銷廣告」（sales promotion advertising）。在名稱上雖有「促銷」（sales promotion）字眼出現，但其實不只是為了促銷，有時也會出現一些以提升企業形象為目的的促銷廣告。促銷廣告的型態相當多元，首先就讓我們來看看「POP 廣告」。

| POP 廣告 | 這個詞是「Point Of Purchase」的縮寫，意思是「賣場廣告」，指的是店頭內外的所有廣告。這些廣告可代替銷售人員解說商品，並具有慫恿消費者購買的效果。 |

| 價格牌 POP | 強調價格，並加入「促銷商品」、「超值商品」、「廣告商品」等標示，慫恿消費者購買。 |

像這種手寫的，

店長推薦！

和這種類型的，都叫促銷廣告。

廣告商品
98圓

寄送到消費者家裡的促銷廣告有「直接函件」（Direct Mail，簡稱 DM）和夾報廣告等，基本上使用的都是印刷品，有時也會利用傳真或電子郵件來寄送。

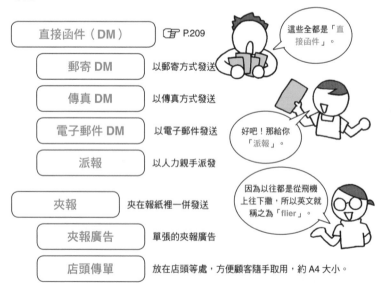

| 直接函件（DM） | ☞ P.209 |

這些全都是「直接函件」。

郵寄 DM	以郵寄方式發送
傳真 DM	以傳真方式發送
電子郵件 DM	以電子郵件發送
派報	以人力親手派發

好吧！那給你「派報」。

夾報	夾在報紙裡一併發送
夾報廣告	單張的夾報廣告
店頭傳單	放在店頭等處，方便顧客隨手取用，約 A4 大小。

因為以往都是從飛機上往下撒，所以英文就稱之為「flier」。

而我們在街頭等地會拿到的促銷廣告是「街頭派報」，常在車站等處拿到的促銷廣告則是「免費報」。基本上都是印刷品，有時還會附贈隨手包面紙等紀念品。

街頭派報	在街頭派發傳單
店頭派報	在店頭派發傳單
信箱派報	挨家挨戶投遞傳單
免費報	免費報刊
免費雜誌	免費雜誌

請多指教～

不是面紙啊？

能免費供應是因為有廣告收入可以支應費用。

除了以上幾種型態之外，促銷廣告還有刊登在大眾運輸工具的車內、車體及車站等的「交通廣告」，以及在戶外張貼看板或海報的「戶外廣告」。

數位看板

「數位看板」（Digital Signage）是近來迅速普及的促銷廣告媒體，指的是透過螢幕等電子顯示器來傳播資訊的電子看板或電子佈告欄。數位看板可化身為大樓外牆上的大螢幕，也可以是零售商店貨架上的小型顯示器等，在各式各樣的地點播放廣告。

還有那棟大樓的外牆也是！

車站站內也有喔！

商場裡也有！

電車車廂裡也有耶！

連超市的貨架上也擺了！

這些數位看板當中，也包括了被歸類在戶外廣告的大螢幕，以及隸屬於交通廣告的電車車內顯示螢幕的廣告等。

交通廣告

在促銷廣告當中，「交通廣告」可說是型態相當多元的一種。大眾運輸工具本身的種類之多固然不在話下，而每一種又分為車體和車內，甚至車內還可再依刊登位置來歸類成不同的廣告。

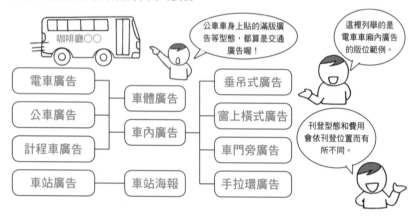

戶外廣告

「戶外廣告」的型態也五花八門。而刊登在人潮聚集處所內的廣告，另稱為「特定場所廣告」。

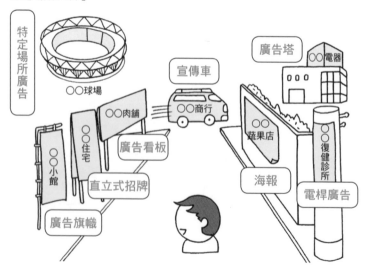

事件與體驗

近年來，電視廣告等的觸及率（☞ P.196）持續低迷，越來越多企業將溝通手法轉向更能真正接近消費者的「事件與體驗」。如下圖所示，所謂的「事件」是指舉辦或贊助體育賽事、藝文活動等；而辦理時下很流行的工廠參訪，或贊助公益活動等，則是屬於「體驗」。

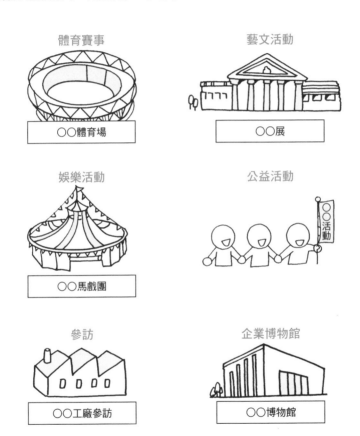

企業自行舉辦展演活動的這種宣傳手法，稱為「事件促銷」；而出資贊助展會活動的手法，則稱為「賽會贊助」。以上兩者皆是企業配合目標客群的生活型態，提升品牌或企業認知度與好感度的手法，可望為企業塑造一流企業或公益企業的形象。

公共關係

PR、公關

　　第四種溝通的手法是「公共關係」（Public Relations），縮寫成 **PR**，簡稱「公關」。在這些為與公眾（public）建立良好關係所從事的活動當中，「媒體應對」、「企業溝通」（corporate communication）和「公關報導」（publicity），是以促進多方廣泛報導、取得曝光為目的的三項公關手法。

　　「企業溝通」包括發行企業刊物和公益活動等。此外，有時也會將事件促銷或企業贊助（☞ P.203）當作公關事務的一環來推動。

　　另一方面，「公關報導」則是將自家新產品等資訊提供給媒體，請媒體報導。說穿了就是打免費廣告。

新聞稿

「新聞稿」是許多公關活動的起點，又稱為「公關稿」、「**press release**」。下面即將介紹的「記者會」的採訪通知，也會透過新聞稿的方式來發送。若新聞稿獲媒體報導，該則新聞就成了「公關報導」（☞ P.206）。

新聞稿通常都是以書面、傳真、電子郵件或網路等方式發送，發送對象則是以大眾傳播的媒體平台為主，不過近年來也會邀請在網路上發新聞的網路媒體。

記者會

「記者會」的英文是「**press conference**」，是企業邀集各家媒體共聚一堂，進行發表或派發資料，接受提問等的一種發表會。會中發表的內容如獲媒體報導，該則新聞就成了「公關報導」（☞ P.206）。有時在記者會之後，還會衍生出個別媒體專訪或個人記者會。

公關報導

「公關報導」指的是企業直接將產品或公司的資訊提供給媒體，請媒體報導。此類報導的內容有時是直接將新聞稿發成新聞或報導，有時會再加入記者會或媒體自行採訪的內容。

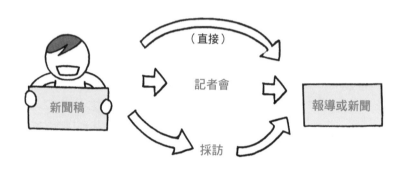

公關報導可望帶來等同廣告的效益。但由於報導或新聞是媒體所發出，這一點和廣告不同，因此有時效果更勝廣告。畢竟對消費者而言，廣告和報導、新聞的可信度可是天差地遠。

廣告與公關報導最關鍵性的差異，在於它是免費曝光。只不過，正因為是免費，所以報導與否的決定權在於媒體。而且就算曝光，也不保證內容絕對正面。因此，一切如願的公關報導只佔少數，企業須提供給媒體更適當且詳盡的資訊。

　　公關報導當中也有一種收費的「業配新聞」，屬於廣告的一種。而在平面媒體上，由廣告代理商出手，將廣告打造成看似報導的形式，這種文章即稱為「廣編稿」。雜誌編輯部等單位以收費方式為企業製作廣編稿的行為，有時也稱為「業務配合」。

直效行銷

直接訂購行銷

　「直效行銷」（Direct Marketing）是指不透過配銷商，由廠商在直接銷售通路，將商品或服務提供給消費者的一種溝通方式（☞ P.176）。

　既往的直效行銷通路包括右頁所提到的這幾種類型，其最大的特色就在於消費者的反應，會化為「訂購」這個行動，直接回饋給廠商，因此它又稱為「直接訂購行銷」。

　現今由於大數據（☞ P.264）的運用，以及社群網站、智慧型手機等新式溝通管道的崛起，直效行銷也隨之大幅進化，甚至可針對每一位顧客，在最適當的溝通管道，發送不同內容的合適訊息。

直接函件

相較於大眾媒體（☞ P.194），「直接函件」觸及每一位消費者的成本較高，但若發送的對象，是一份精挑細選過的顧客名單，那麼顧客日後實際消費的機率也會高出許多。

型錄行銷

讓顧客在看過型錄後興起下單的意願，就稱為「型錄行銷」。型錄會以印刷品形式發送給顧客，或請顧客在網站或 DVD 上瀏覽。

電話行銷

「電話行銷」有時是由客服中心接聽顧客的訂購電話，有時則是由客服中心打電話向消費者推銷。

人員銷售

　　由業務等企業員工直接面對顧客，進行從介紹到購買、簽約等一連串的活動，這樣的溝通方式就稱為「人員銷售」。這種方式與其他溝通手法最主的差異，在於它有以下這些特徵：①可進行直接且雙向的溝通、②顧客在聽過推銷後較難拒絕、③（有時）較能贏得顧客深厚的信賴。

　　而拜訪型的人員銷售，一般會依下列程序來進行。

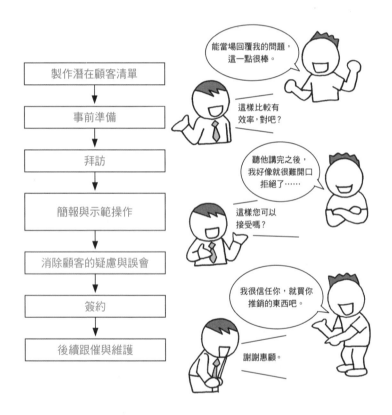

　　正因為人員銷售具有以上這些特質，因此它在顧客的購買行為即將結束之際，也就是用於引起 AIDMA 法則（☞ P.58）當中的「行動」（Action）時，效果特別顯著。它早在「行銷」這門學問出現前就已存在，應該是世界上最古老的溝通行銷手法。或許行銷到頭來還是需要由「人」出面清理戰場吧。

整合行銷溝通

IMC

　「整合行銷溝通」（IMC：Integrated Marketing Communication）的概念，是指各種行銷溝通手法的運用不應散亂無章，而是要站在消費者的觀點來整合。這個概念最出是由人稱「IMC 之父」的唐・舒茲（Don E. Schultz）教授等人所提倡。舉例來說，行銷溝通可以是以下這樣的過程。

　簡而言之，與其選用單一溝通手法爭取顧客青睞，整合行銷更主張應該結合人員溝通管道與非人員溝通管道（☞ P.191），運用多種溝通手法，多階段式的爭取顧客，溝通的力道會更強。這句話可說是一語道盡了溝通策略的箇中精義。

數位行銷

傑佛瑞・摩爾
（1946 年～）

數位行銷術語

　　「網路行銷」一詞雖在行銷領域扎根已久，但目前「數位行銷」這個說法
更為普遍。

　　所謂的數位行銷，是指行銷應充分運用各種數位資料，搭配出含網路行銷
及電子郵件行銷在內的行銷組合。

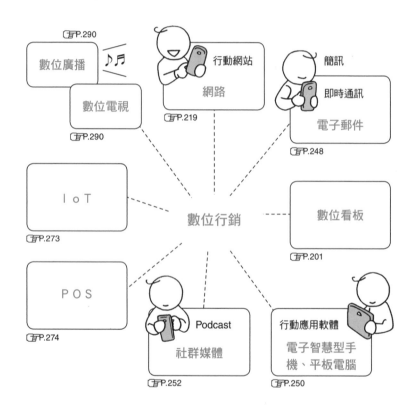

　　數位行銷的特色，在於運用數位化的優勢，以各種手法計算、分析資料，
可即時掌握行銷的成效。

　　以下這一章，就讓我們一起來探討「網路」、「電子郵件」、「智慧型手機」、
「社群媒體」等方面的行銷術語。

全通路

　「全通路」（omni channel）這個詞，是在探討數位行銷時應先認識的一個相關術語。「omni」這個字意指「全部」，也就是不再實體店歸實體店、網購歸網購，而是在所有的銷售通路上，讓消費者可以在任何地方、任何時間，都可以享受同樣的購物樂趣。

展示間現象

　「全通路」一詞會受到矚目，其中的一個契機就是「展示間現象」（showrooming）。「展示間現象」指的是消費者把實體店面當作展示間現象，在店頭挑選合意的商品之後，再到電子商務網站（☞ P.279）購買。只要用全通路連接實體和虛擬通路，就可將那些在實體通路盡情挑選過商品的顧客，引導到自家的電子商務網站來消費。

三種媒體

在數位行銷的領域當中，會運用到眾多不同的媒體，而「三種媒體」就是在考量數位行銷的媒體策略之際所運用到的一種概念。它是一個將媒體分為三類來思考的架構（framework）。

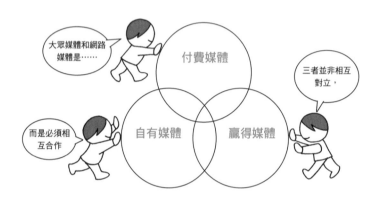

付費媒體

過去，網路媒體——也就是數位媒體——總被認為是站在大眾媒體（☞ P.194）的對立面，但在三種媒體的架構之下，大眾媒體其實也是一種「付費媒體」（paid media）。

所謂的付費（paid），指的就是「為使用媒體而支付費用」。除了大眾媒體之外，還有各式各樣的網路廣告，都是屬於這一類。

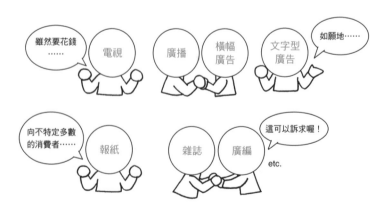

自有媒體

在「三種媒體」的思維當中，唯有這三種媒體類型的相輔相成，才是行銷溝通。因此這裡要介紹的是三種媒體當中的第二種——「自有媒體」（owned media）。所謂的自有媒體，是企業所擁有（owned），並可傳播資訊的媒體。舉凡企業的官方網站和電子報等，都是企業可以自由掌控的自有媒體。

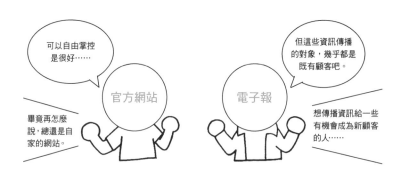

贏得媒體

至於三種媒體當中的第三個媒體，就是「贏得媒體」（earned media）。所謂的「贏得」，指的是「獲得信任」之意。此類媒體以部落格及社群媒體為核心，只要網友的反應好，就能贏得消費者的信任與好評。不過，贏得媒體的主導權掌握在使用者手上，媒體上的反應，不見得都能讓企業稱心如意。

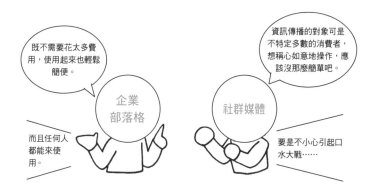

共享媒體

時至今日，許多論述都認為在既有的三種媒體當中，應該再加入第四種媒體——「共享媒體」（shared media）。所謂的「共享」就是「分享」的媒體，而分享的對象可以很多元，首先請記住它是一個「與其他企業（其他人）共享的媒體」即可。

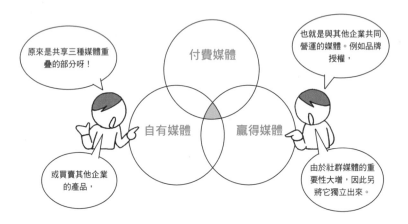

PESO 媒體

一般認為，「三種媒體」的地位，將改由「PESO 媒體」一詞來繼承，也就是在既往的分類當中加入共享媒體，讓媒體增加到四類。不過說穿了，即使在加入了「S」（Shared）的概念之後，各式媒體之間的相輔相成仍是關鍵，這一點是不變的。

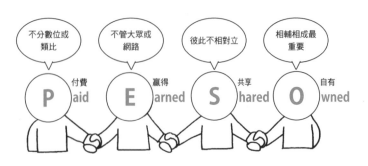

網路行銷

接下來，就讓我們分別來看看各種數位媒體的行銷手法。首先要探討的是
「網路」（Web）。在「網路行銷」當中，必須考量三個階段。如以實體店
來比喻，就是要考慮到招攬顧客和店內動線、顧客回購。各階段的主要元素
分別如下圖所示。

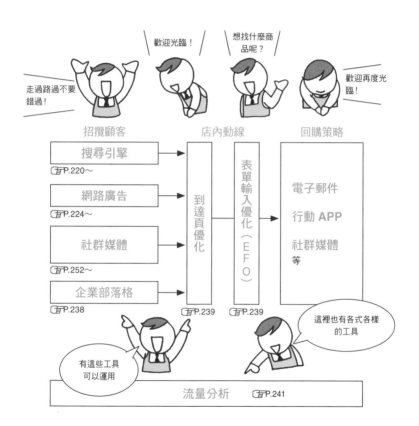

在這三個階段當中有個不可或缺的共通點，那就是要進行「流量分析」（☞
P.241），也就是調查並分析來店消費的顧客。數位行銷的特長，在於它可以
即時掌握效果。分析資料之後，當然就要立即妥善運用。從下頁起，就讓我
們依序來看看這些項目的內容。

搜尋引擎行銷

SEM

　　招攬顧客——也就是引導使用者進入網站的第一個方法，就是活用搜尋引擎。「搜尋引擎行銷」（SEM：Search Engine Marketing）的主要操作對象，是「SEO」（於下頁解說）和「搜尋廣告」。它有時還會涵括至到達頁優化（☞ P.239～）和流量分析（☞ P.241）的範疇，如此一來，搜尋引擎行銷就幾乎等於是網路行銷的同義詞了。

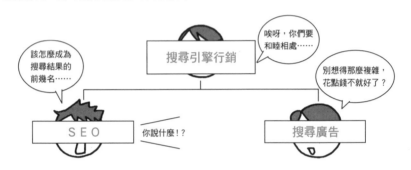

自然搜尋

　　一般你我在 Google 等搜尋引擎上「拜谷歌大神」的這個行為，有時可稱為「自然搜尋」（natural search，又稱基本搜尋）。為什麼會特別創造出這個名詞，是因為關鍵字廣告（☞ P.226）也是一種搜尋結果。使用者搜尋時，搜尋引擎會搜尋廣告主的網站，並呈現出相關的頁面，因此又稱為「付費列表」（paid listing）。

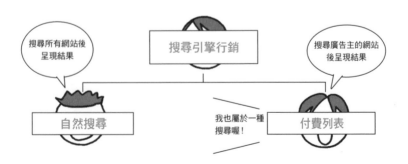

SEO

承上，接著要探討的是各位熟悉的「**SEO**」（search engine optimization），或稱「搜尋引擎優化」。當使用者在 Google 等搜尋引擎搜尋字詞時，讓特定頁面在搜尋結果當中名列前茅，就是所謂的搜尋引擎優化。在搜尋結果當中的排名越前面，使用者點擊的可能性就越高。不過，目前由於搜尋引擎演算法（☞ P.222）日益精進，偷雞摸狗的優化招術已派不上用場。SEO 最好的方法，終究還是要回歸到優質的網站內容。

搜尋廣告

搜尋引擎行銷當中還有另一個台柱，那就是「搜尋廣告」（關鍵字廣告）。

當我們搜尋某個字詞時，呈現在結果頁最上方的其實是「廣告」。發稿時，廣告主會指定廣告要投放在哪些關鍵字上，以及使用者點選廣告後會連結到的自家網站。這種廣告絕大多數都採用點擊計費制（☞ P.231）。

搜尋引擎的演算法

　　早期的 SEO 手法不再適用，就是因為「搜尋引擎的演算法」不斷改良的緣故。所謂的「演算法」，指的是標準或步驟、思維邏輯，是用來決定搜尋結果呈現順序先後的規則。演算法的改良，能讓那些用了花拳繡腿 SEO 手法的網頁排序往後調，或讓惡意網頁不再出現在搜尋結果當中。

內容行銷

　　於是，「內容行銷」（content marketing）便日益受到重視。所謂的內容行銷，是藉由不斷地發送有益且有說服力的內容，以吸引使用者目光的一種手法。
　　「內容」（content）包括了企業部落格（☞ P.238）、社群媒體、影片、和 PDF 等，種類繁多。不論選用何者，只要能持續發佈優質內容，出現在搜尋結果前段班的可能性也會隨之升高。

搜尋查詢

使用者在搜尋時輸入的字詞或語句，稱為「搜尋查詢」（search query）。這裡的「query」一詞，在英文中是「提問、詢問」之意。

在搜尋引擎行銷的領域當中，通常會將搜尋查詢分為以下這三種類型來思考。

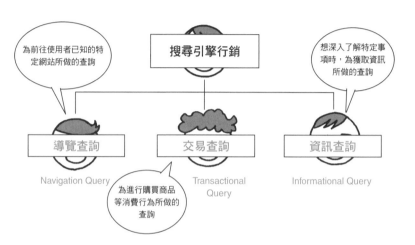

搜尋關鍵字

在搜尋引擎行銷的領域裡，「搜尋查詢」和「搜尋關鍵字」有很嚴密的區分。——由使用者自行輸入字詞來搜尋的，屬於「搜尋查詢」，由廣告主指定，讓使用者連結到搜尋廣告的字詞，則列入「搜尋關鍵字」。以 P.221 頁下方的對話為例，搜尋引擎行銷業界的從業人員會像以下這樣說：

橫幅廣告

在談過搜尋引擎之後，緊接著要介紹的是引導使用者進入自家網站的第二個方法——廣告。首先，就呈現型態的差異來看，以圖像呈現的廣告稱為「橫幅廣告」（banner Ad，或稱純廣告）。

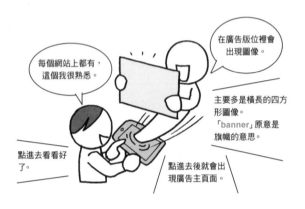

文字型廣告

「文字型廣告」是在關鍵字廣告（☞ P.226）、電子郵件廣告（☞ P.232）或電子報（☞ P.249）上常用的一種廣告類型。一般文字型廣告都由三個元素構成：廣告主名稱、廣告文、和一點擊就能前往廣告主網頁的廣告標題。

廣編稿

　　網路上也有些看似報導的廣告。這些由廣告主與媒體合作，以報導形式刊登出來的廣告，稱為「廣編稿」。有些廣編稿的製作費相當昂貴，此外，為能將更多使用者引導到廣編稿，有時還可能會需要另行投放橫幅廣告。

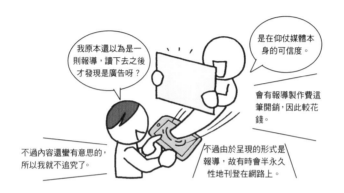

原生廣告

　　當廣告像廣編稿一樣，不著痕跡地出現在內容裡，而不是放在廣告版位中，那麼這些廣告就統稱為「原生廣告」（native advertising，又稱為業配廣告）。

影片廣告

「影片廣告」不像一般的橫幅廣告用靜止圖像，而是用影片的方式來呈現，又有「網路商業廣告影片」（Internet CF）之稱。像影片廣告這種運用到高傳輸量技術的廣告，統稱為「豐富多媒體廣告」（Rich media）。這種類型的廣告一如其名，可做出相當豐富（rich）的呈現。

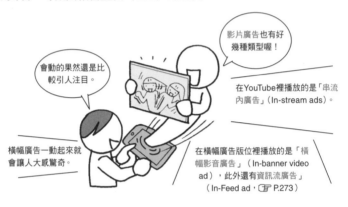

影片廣告也有好幾種類型喔！

會動的果然還是比較引人注目。

在YouTube裡播放的是「串流內廣告」（In-stream ads）。

橫幅廣告一動起來就會讓人大感驚奇。

在橫幅廣告版位裡播放的是「橫幅影音廣告」（In-banner video ad），此外還有資訊流廣告」（In-Feed ad，☞ P.273）

關鍵字廣告

接下來要依發佈方式的不同，來介紹幾種廣告的類型。首先，Google 或 Yahoo! 等搜尋引擎所播送的是「關鍵字廣告」。通常關鍵字廣告多半會用來指稱搜尋廣告（☞ P.221），但其實它指涉的範圍也包括了內容關聯廣告（☞ P.228）。這兩種廣告的特色，就是它們分別會呈現與搜尋結果及網頁內容連動的廣告。

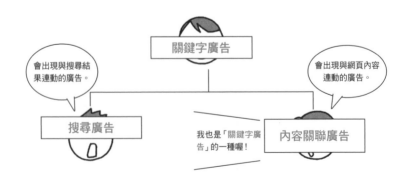

會出現與搜尋結果連動的廣告。

關鍵字廣告

會出現與網頁內容連動的廣告。

搜尋廣告

我也是「關鍵字廣告」的一種喔！

內容關聯廣告

Google AdWords

「Google AdWords」是日本規模最大的關鍵字廣告服務商。就搜尋廣告而言，「Google AdWords」不只可在 Google 搜尋上播送廣告，還可透過「Google 搜尋聯播網」將廣告發佈到各式搜尋引擎或入口網站上，Google 地圖和 Google 購物當然也是它投放廣告的對象平台。

Google AdWords

原來不只是在 Google 上播送啊！

還有搜尋聯播網的夥伴網站喔！

Google 搜尋、
Google 地圖、Google 購物、與 Google 合作刊登搜尋廣告的其他搜尋網站。

Google 搜尋聯播網

Yahoo! 宣傳廣告

而日本規模第二大的關鍵字廣告服務商，則是「Yahoo! 宣傳廣告」。它的搜尋廣告服務「贊助搜尋」（Sponsored Search）可將廣告發佈至包括 Yahoo! JAPAN 在內的各大搜尋引擎和入口網站，甚至連 NAVER 等內容策展服務平台，也都是它播放廣告的對象。

Yahoo! 宣傳廣告

原來不只是在 Yahoo 上播送啊！

還有合作夥伴的網站喔！

@nifty　　　Yahoo! japan

Ameba　　　bing　　　excite

Mapion　　　NAVER

So-net　　　Vector　　　朝日新聞 DIGITAL

etc.

贊助搜尋

內容關聯廣告

「內容關聯廣告」是和新聞、部落格、其他各式網站、網頁內容等連動的廣告。在內容關聯廣告當中，可選擇投放橫幅廣告、影片廣告等類型，當然也可使用文字廣告。

GDN

「Google 多媒體聯播網」（Google Display Network，簡稱 GDN）是日本最大的內容關聯廣告投放聯播網，據說是由 200 萬個與 Google 合作的網站所組成。除此之外，由大型企業所營運的內容關聯廣告聯播網還有「Yahoo! 多媒體聯播網」（Yahoo! Display Network，簡稱 YDN）。

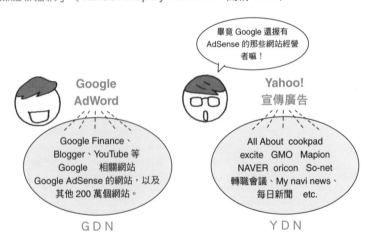

聯播網廣告

GDN 或 YDN 這種聯播網，都是將眾多網站串聯成一個網路廣告媒體。而在這種媒體上刊播的廣告，就稱為「聯播網廣告」。它的優勢在於廣告主可以不必逐一挑選網站後再委託投放，就能在短期間內刊播大量的廣告。

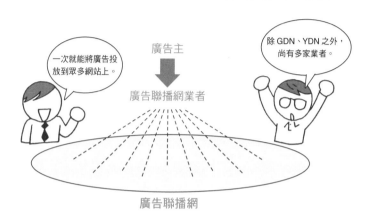

AdSense

在廣告聯播網當中，「AdSense」是專門將 Google AdWord 的廣告刊播到個人網站上的聯播網。它是一種為網站經營者所設計的廣告刊播服務，而非供廣告主使用。只要在個人部落格貼出廣告，且有使用者對廣告點擊回應，網站經營者就會有廣告收入進帳。

DSP 廣告

「DSP 廣告」指的是運用「DSP」（需求方平台，Demand-Side Platform，☞ P.272）這種工具，同時管理多個廣告聯播網上的廣告投放。只要使用 DSP，廣告主就可以在任何網站上刊播廣告。

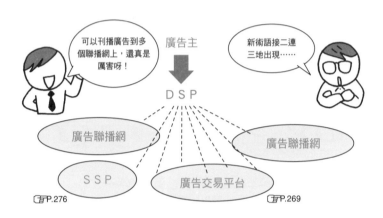

重定向廣告

「重定向廣告」（Retargeting Advertising，又稱為「再行銷廣告」）是指追蹤曾造訪過廣告主網站的使用者，並持續發送廣告的做法。它運用的是 cookie，也就是把資訊儲存在瀏覽器裡的一項技術。而像這種從消費者的行為履歷當中篩選目標族群，投放合適廣告的做法，稱為「行為定向廣告」（☞ P.286）。

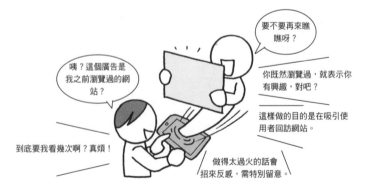

合作收益廣告

若以收費方式——也就是廣告費計費型態來區分廣告的類別，首先要介紹的是「合作收益廣告」，又稱為「成效計費型廣告」。在合作過程中，只要取得廣告主預設的成果，例如使用者購買、申辦、索取資料、洽詢等，就可獲得相對的報酬。

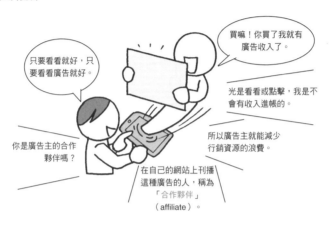

PPC廣告

「PPC 廣告」（Pay-per-Click）是以點擊次數計算廣告費的「點擊付費廣告」，是目前網路廣告計費方式的主流。投放「關鍵字廣告」（☞ P.226）多半採取這種計費方式，因此當「關鍵字廣告」這個術語出現，有時想表達的其實是「PPC 廣告」的意思。

曝光數計價型廣告

廣告出現的次數稱為「曝光數」（impression）。而「曝光數計價型廣告」就是以廣告每出現一次為一個曝光數，再依曝光數的多寡來計算廣告費。這種計價法主要會用在 DSP 廣告（☞ P.230）上。

電子郵件廣告

「電子郵件廣告」不靠網站曝光，而是運用電子郵件所做的廣告。這種廣告大致可分為兩類：一是把廣告刊登在電子報上，另一種則是從登錄過的會員當中篩選出潛在顧客後，寄發廣告郵件。不過，受到網路廣告種類大幅增加等因素影響，電子郵件廣告整體的使用狀況正日益萎縮。

Facebook 廣告

除了網路廣告之外，社群網站的廣告也不容忽視。其中較具代表性的有「Facebook」（臉書，☞ P.254）的「Facebook 廣告」。

啊，有廣告來了。

 出現位置

以智慧型手機瀏覽時，會出現在動態時報上。

 目標設定

發送時可指定地區、年齡、興趣、關注等。

 廣告類型

除了引導使用者前往自家網站的連結廣告之外，還有全螢幕互動廣告（canvas ad）等。

 電腦版出現位置

以電腦瀏覽時，還會出現在廣告版位上。

 可設定目標的原因

因為使用者皆已登錄出生年月日、性別和居住地等資訊。

 其他廣告類型

在「本地知名度廣告」（Local Awareness Ads）這項服務當中，可選擇只向自家店鋪週遭的使用者發佈廣告。

Twitter 廣告

在「Twitter」（推特，☞ P.255）上可透過「推薦推文」（Promoted Tweets）的方式，來進行「Twitter 廣告」。若操作得宜，「轉推」效果可期。

啊，有廣告來了。

還有推薦帳號（Promoted Accounts，☞ P.234）喔！

 出現位置

會出現在時間軸、搜尋結果和使用者的基本資料上。

 目標設定

可設定關鍵字等。

 Twitter Cards

Twitter Cards是將圖像或影片呈現在時間軸上的服務，可用來投放廣告。

 在時間軸上出現的位置

會出現在連上Twitter時的頁面最上方。

 其他目標設定

可設定追隨者、地區或其他各種目標族群。

 Twitter Cards 的類型

有Summary、Photo Gallert、APP等多種 Twitter Cards可使用。

LINE@

「LINE@」和一般的「LINE」（☞ P.255）帳號不同，是一種商用帳號。在付費的 LINE@ 方案當中，可使用絕大部分的 LINE 功能。

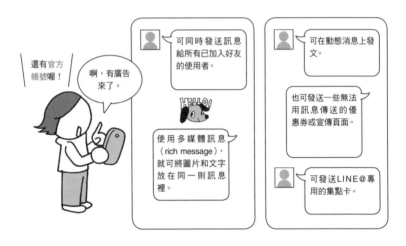

可同時發送訊息給所有已加入好友的使用者。

可在動態消息上發文。

也可發送一些無法用訊息傳送的優惠券或宣傳頁面。

使用多媒體訊息（rich message），就可將圖片和文字放在同一則訊息裡。

可發送LINE@專用的集點卡。

還有官方帳號喔！

啊，有廣告來了。

官方帳號

在 LINE 上除了有「LINE@」之外，還有另一種不同的「官方帳號」服務。另外，在 Twitter 上也有「推薦帳號」功能可以使用。

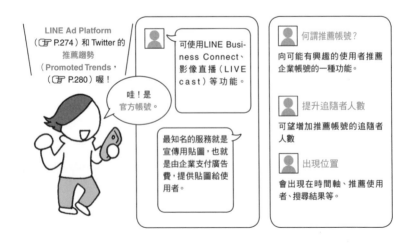

LINE Ad Platform（☞ P.274）和 Twitter 的推薦趨勢（Promoted Trends，（☞ P.280）喔！

哇！是官方帳號。

可使用LINE Business Connect、影像直播（LIVE cast）等功能。

最知名的服務就是宣傳用貼圖，也就是由企業支付廣告費，提供貼圖給使用者。

何謂推薦帳號？
向可能有興趣的使用者推薦企業帳號的一種功能。

提升追隨者人數
可望增加推薦帳號的追隨者人數

出現位置
會出現在時間軸、推薦使用者、搜尋結果等。

CPA

在網路廣告的領域當中，投入費用與廣告效果之間的關係至為重要，這裡就讓我們來認識幾個量測網路廣告費用與效果的指標。首先要談的是「每次完成行動成本」（Cost per Action 或 Cost perAcquisition，簡稱 CPA），它呈現的是每一件轉換（conversion）—— 也就是投放廣告的目的（☞ P.246），例如消費者的購買或申辦等——所需的廣告費用，又稱為「每筆訂單成交成本」。當 CPA 上揚，表示每筆訂單成交所需花費的廣告費用增加，會導致獲利降低。

CPC

另外，關鍵字廣告等 PPC 廣告（☞ P.231）是有點擊就會計算廣告費，而非依據廣告成效計價，因此它們的廣告費用與效果也會以點擊數來量測。這樣的做法，就是所謂的「CPC」（Cost Per Click）或「每次點擊成本」。舉例來說，假設企業花了五萬日圓的廣告費，投放點擊計價型的橫幅廣告，獲得一萬次點擊，那麼 CPC 就是 5 圓。

CPM

「**CPM**」（cost per mille）是曝光數計價型廣告的效果評估指標，又稱為「每千次廣告曝光成本」。由於計價是以每千次為單位，故 CPM 也以千次為單位計算。

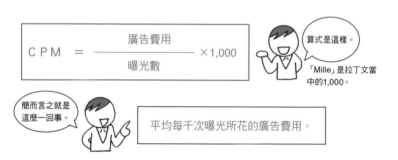

$$CPM = \frac{廣告費用}{曝光數} \times 1,000$$

算式是這樣。

「Mille」是拉丁文當中的1,000。

簡而言之就是這麼一回事。

平均每千次曝光所花的廣告費用。

CTR

而「**CTR**」（**Click through Rate**）呈現的則是廣告出現後被點擊的次數比例，又稱為「點擊率」

$$CTR = \frac{點擊次數}{曝光數}$$

算式是這樣。

「Through」是通過的意思。

簡而言之就是這麼一回事。

獲得點擊的次數，在曝光數（廣告出現次數）當中的佔比。

CPO

「**CPO**」（**Cost Per Order**）是指從廣告曝光、獲得點擊，進而爭取到顧客預約，到顧客上門消費為止的所有費用的平均值，又稱為「單筆訂單成本」或「訂單單位成本」。

$$CPO = \frac{廣告費用}{購買人數}$$

算式是這樣。

簡而言之就是這麼一回事。

獲得訂單或簽約所花的廣告費用。

CPD

「CPD」（Cost Per Duration）是在廣告費報價時常用的一個術語，是「期間保證型廣告」——也就是指「這段期間內一定會刊登你的廣告」的一種收費。這種附帶保證的廣告，除期間保證之外，另有「保證曝光數」和「保證點擊數」等的廣告。

這段期間就收您○萬圓，如何？

「Duration」是期間的意思。

稍微貴了一點……

嗯……不過既然是首頁，好像也無可厚非。

※ 期間保證型廣告多用在瀏覽數較多的網頁，例如首頁的廣告版位。

CPE

「CPE」（Cost Per Engagemnet）是平均每次互動所需的廣告費用（單次互動成本）。所謂的互動，指的是例如使用者在 Twitter 上回推（Retweets）等行為。只要使用者做出此類的互動之舉，廣告就會收費。

其他還有一些主要的廣告成本用語，分別如下圖所示。

CPF (Cost Per Fan)	CPI (Cost Per Install)	CPV (Cost Per View)
每位粉絲取得成本 在Facebook上獲得一個讚獲得一位粉絲所花的廣告費用。	每次安裝成本 讓使用者在智慧型手機等裝置上安裝一次應用程式所花的廣告費用。	每次觀看成本 影片廣告播放一次所花的廣告費用。

企業部落格

Business Blog

在企業的網站上，由員工或經營主管對外傳播資訊的部落格，就稱為「企業部落格」或「**Business Blog**」。它不像廣告需要付費，卻同樣是一種能帶來使用者流量的工具。若是網友在搜尋其他關鍵字時偶然看到這樣的部落格，還能創造機會，與過往毫無交集的消費者產生第一次接觸。部落格的好處，在於它會保留舊資料，不會刪除。

策展

「策展」（curation）指的是將網路上的眾多資訊，透過人的觀點篩選過後，加以匯整。而這些已經匯整過的網路資訊，則稱為「策展服務」或「策展型媒體」。簡而言之，指的就是所謂的「匯整網站」。匯整餐廳資訊的網站，或經營食品策展型網站等，都是策展概念運用下的案例。

LPO

當我們打開搜尋引擎、或按下廣告連結後，最先映入眼簾的網頁，就是訪客落地抵達的頁面，我們稱之為「到達頁」（Landing Page）。而「LPO」（Landing Page Optimization）或「到達頁優化」，就是將到達頁調整到最理想的狀態，以提高網站目的（轉換☞ P.246）──購買、申辦等的達成率。最基本的做法，就是讓網站訪客能迅速地前往目的地網頁。

EFO

「EFO」（Entry Form Optimization）或「表單輸入優化」，是簡化輸入表單，以防使用者在轉換前就離開網站的一種手法。據了解，有不少人最初造訪網站的目的，是為了加入會員或購買商品，卻因為輸入太麻煩、表單太難懂等因素，而選擇中途放棄。藉由表單輸入優化，例如盡可能減少輸入欄位，列出簡單明瞭的輸入範例等，就可避免這樣的情況發生。

推薦

「推薦」（recommendation，或譯為 recommend）和 LPO、EFO 一樣，都是提高轉換率（☞ P.246）時不可或缺的手法。它是一種會依顧客喜好推薦商品或服務的手法，在電子商務網站很常見。在早期的菜市場裡，老闆會記住顧客的喜好，並依此推薦合適的商品。只不過現在同樣的事，在網站上是改由程式代勞。

A ／ B 測試

在網路行銷的世界裡，很多時候都會進行「A ／ B 測試」（A/B test），以協助企業做出各種判斷。所謂的 A ／ B 測試，就是實際打造 A 和 B 這兩個選項，進行測試後，再做出決策的一種手法。如下圖所示，它可運用在很多不同程度的測試。

流量分析

　　「流量分析」是在分析即將造訪網站、或已造訪網站的人，在網站裡的活動。進行流量分析的目的，是為了要提高造訪人數，或希望有更多訪客在網站上做出企業期待的行為（轉換☞ P.246）。如下圖所示，造訪網站的使用者會採取各式各樣的行動，而流量分析就是在分析它們的數量和佔比。

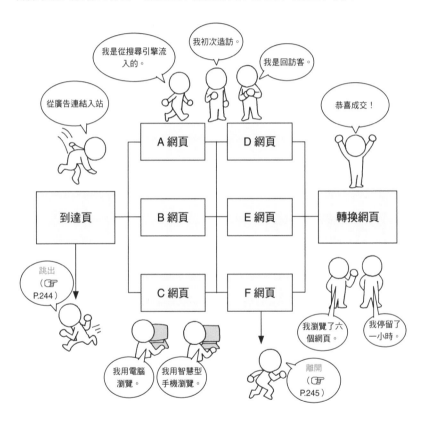

　　進行流量分析時，會使用到一種名叫「流量分析工具」的軟體，例如 Google Analytics（☞ P.247）等，都是常見的分析工具。

　　流量分析工具依數據資料的擷取方式不同，可分為三大類：「伺服器日誌型」（server log，☞ P.291）、「封包擷取型」（packet capturing，☞ P.278）和「網路信標型」（web beacons，☞ P.292）。

工作階段

「工作階段（數）」是流量分析當中最基本的指標，也就是流量，又稱為「造訪（數）」。從一開始入站時的到達頁（☞ P.239）開始，到處瀏覽幾頁，直到離開網站為止，計算為「一個工作階段」。

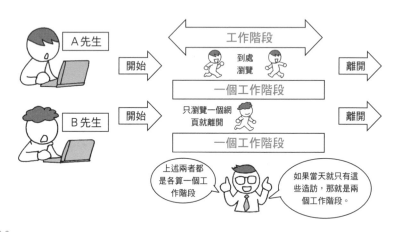

不重複使用者

「不重複使用者」的英文「Unique User」（簡稱 UU）。由於它是以瀏覽器的瀏覽頁次來計算，所以只要同一個人開兩個不同的瀏覽器，不重複使用者的人數就會以兩個人來計算。

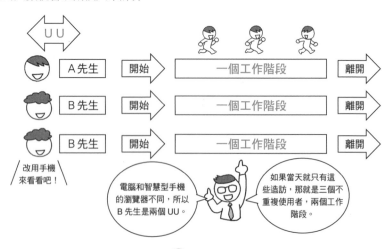

網頁瀏覽量

「網頁瀏覽量」（Page View，簡稱 PV）是呈現訪客究竟瀏覽了幾個網頁的一個數值。它除了會用來計算訪客在整個網站中瀏覽了幾個網頁之外，有時也會用來量測特定網頁的瀏覽量——也就是訪客瀏覽的總次數。

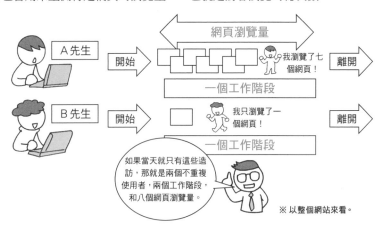

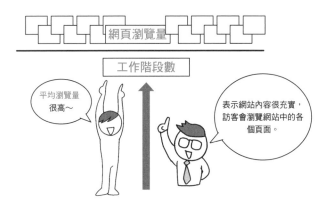

平均瀏覽量

「平均瀏覽量」（平均 PV）指的是在一次的工作階段當中，平均會有多少瀏覽量，換言之就是用網頁瀏覽量除以工作階段數所算出來的值。

一般而言，平均瀏覽量越多，代表網站越充實，訪客會瀏覽網站中的各個頁面。

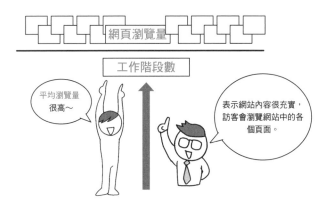

新訪客比例

　　「新訪客」指的是初次造訪該網站,而新訪客在訪客總數當中所佔的比例,就是「新訪客比例」(新工作階段比例)。「新訪客」的相反詞是「回訪客」。若販售的是經常性購買的商品,回訪客佔比當然是越高越好;若是偶爾才會採買的商品,則新訪客比例越高越好。

跳出率

　　所謂的「跳出」,是指只瀏覽一頁就離開網站的意思,而它發生的次數佔比,就稱為「跳出率」(Bounce Rate)。據說不論何種網站,通常都會有40％左右的跳出率,內容越貧乏的網頁,跳出率往往會更高。

離開率

　　所謂的「離開」，是指訪客在瀏覽過該網頁後就轉往其他網頁，或關閉瀏覽器離開網站。而這樣的訪客在訪客總人數當中所佔的比例，就是「離開率」（Exit Rate）。若是轉換（☞ P.246）的網頁，離開率越高越好；若為一般網頁，則離開率越低越好。

平均網頁停留時間

　　「平均網頁停留時間」（平均工作階段時間長度）是工作階段時間的平均值。訪客停留時間越短的網站，表示網站裡沒有他們想要的資訊，或資訊量太少。因此，訪客在網站的停留時間越長，表示網站裡有他們想要的資訊，或網站上的資訊量夠多。

轉換

　　所謂的「轉換」（ConVersion，簡稱 CV），指的是該網站所設定的目標成果，也就是「成交」。如下圖所示，轉換的內容因網站不同而異，但無論如何，既然是網站設定的目標成果，數量當然是多多益善。

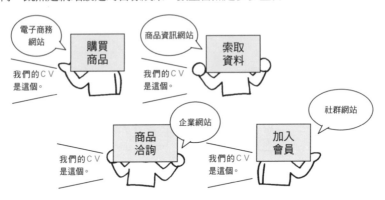

轉換率

　　「轉換率」（ConVersion Rate，簡稱 CVR）或「成交率」是轉換次數在造訪次數當中的佔比。簡而言之，就是在所有的造訪次數當中，有幾件成交的意思。如何提升轉換率，是流量分析很重要的目的之一。

Google Analytics

「Google Analytics」是流量分析工具當中最具代表性的選項。它由 Google 免費（行動 APP 版需付費）提供，是一種「網路信標型」（☞ P.292）的流量分析工具。除了前面介紹過的幾項指標之外，它可以做到的功能如下圖所示：

Yahoo! 流量分析

另外，由 Yahoo! 所推出的流量分析工具則是「Yahoo! 流量分析」。它同樣是網路信標型的分析工具，凡使用 Yahoo! 宣傳廣告（☞ P.227）的客戶，原則上皆可免費使用本項服務，也提供智慧型手機版的頁面。根據 Yahoo! 的說法，這套工具的特色如下圖所示：

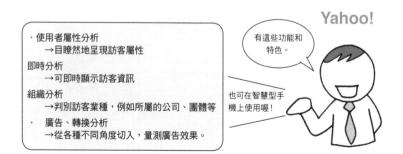

電子郵件行銷

　　「電子郵件行銷」和網路同為數位行銷的類別之一。除了在電子報上投放廣告、精準式電子郵件廣告（☞ P.232）之外，電子郵件行銷還有將電子報當作自有媒體（☞ P.217）來營運等操作手法。

　　將電子郵件廣告或電子報當作自有媒體來操作的手法，其特色如下圖所示：

電子報

　　由企業向顧客發送「電子報」，也是電子郵件行銷上很普遍的一種手法。相較於一般的電子郵件廣告，它可以刊載的內容更豐富多樣。不過，在消費者型態日益多元化的今天，在固定的發送日期，寄發一封內容相同的電子報給所有消費者，這樣的做法是否合宜，的確值得重新檢討。企業要做的，是先將顧客做出分類區隔，再依不同的區隔屬性，在不同的時間點發送內容各異的信件。

選擇加入

　　在日本，電子郵件行銷受到「特定電子郵件法」規範，明文規定電子郵件上必須刊載的內容，例如寄件人的地址等。其中又以發送前必須先取得收件人同意的「選擇加入」，以及收件人可隨時要求停止寄送的「選擇退出」等相關條款，最為重要。

特定電子郵件傳送標準化法

不管三七二十一，通通寄給你！
不知道該怎麼叫它別再寄來。
內有「我不想再收到電子報」的網址。
我同意收信，寄來給我吧。

智慧型手機行銷

　　在數位行銷的領域當中，智慧型手機迅速崛起，頗有凌駕電子郵件的氣勢。以一個可連線上網的裝置而言，智慧型手機與傳統的電腦有許多不同之處，因此，堪稱為「智慧型手機行銷」的這個行銷類別，也正逐漸確立。

　　由於智慧型手機與電腦的差異，衍生出了它在行銷上的一些應用，謹舉例如下。

官方 APP

一聽到「官方 APP（企業 APP）」，很多人可能都會想到社群網站的某些 APP。事實上，提供自家官方 APP 的企業越來越多。官方 APP 除了和官方網站一樣可以發佈網路傳單、開設網路商店之外，還能使用優惠券或累積點數，這可說是安裝簡便的智慧型手機 APP 才有的服務。

適地性廣告

所謂的「適地性廣告」（Location-Based Advertising），指的是當智慧型手機使用者開始上網搜尋時，附近店家或場館的廣告就會出現在使用者的手機上。至於使用者的位置資訊，則是透過智慧型手機內建的 GPS，或電信業者所提供的位置資訊服務等方式所取得。在智慧型手機上搜尋資訊的消費者，預估今後將會越來越多，因此適地性廣告便成了最受矚目的廣告手法之一。

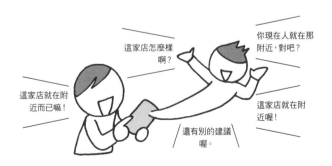

社群媒體行銷

　　所謂的「社群媒體」，指的是可以個人身分傳播資訊的媒體統稱，主要以社群網站佔大宗。而「社群媒體行銷」，就是運用社群媒體操作的行銷手法。社群媒體的重要性會如此舉足輕重，是因為它們在年輕族群之間的使用率極高。在這個許多人都認為年輕族群不看電視、不讀書報雜誌的時代裡，最能有效向年輕族群訴求的媒體莫過於此。不過，別忘了社群網站的根本，終究還是在於使用者之間的交流。

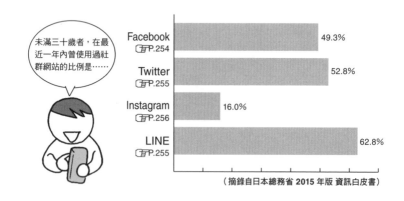

未滿三十歲者，在最近一年內曾使用過社群網站的比例是……

Facebook ☞P.254	49.3%
Twitter ☞P.255	52.8%
Instagram ☞P.256	16.0%
LINE ☞P.255	62.8%

（摘錄自日本總務省 2015 年版 資訊白皮書）

　　在社群網站上，企業可舉辦使用者參與式的活動，或透過與使用者之間的交流，以提升品牌形象（☞P.73）。社群媒體行銷的基本心法，就是在社群網站上與使用者建立良好的關係，以期達到轉換（☞P.246）的目標。——也就是把使用者引導到自家企業的網站上。

你們公司很不錯嘛！

不錯吧？那下次也來我們家的網站逛逛嘛！

來瞧瞧他們的網站吧。

行動裝置相容性

　　既然社群媒體是行銷利器，那麼網站是否能符合智慧型手機使用者的瀏覽需求，便顯得格外重要。尤其是要讓使用者在一時興起，想瞧瞧企業網站之際，隨時都能想看就看，更是操作社群媒體的關鍵。為此，Google 導入了「**行動裝置相容性**」（也稱為「行動裝置友善性」，mobile-friendly）的演算法，檢核下圖所列舉的幾個項目，當使用者透過智慧型手機在 Google 上搜尋時，搜尋結果當中就會標記適合行動裝置瀏覽的網頁，並提高它們的排名。

UGC

　　所謂的「**UGC**」（user generated content，使用者創作內容），意思指的是由使用者所創作出來的內容。企業可運用在行銷上的 UGC，其實並沒有那麼隨心所欲，甚至在使用時還會產生著作權方面的問題。因此，一般常見的 UGC 運用手法，是先設定主題後，在社群網站上徵稿並加以匯整，也就是所謂的策展（☞ P.238）型，以及評比貼文高下的競賽型等。

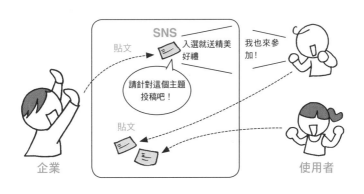

主題標籤

「主題標籤」（hashtag）是帶有「＃」標籤的搜尋文字列，也是一個可以用來操作社群網站行銷的工具。例如在辦理抽獎等活動時，要求使用者在參加貼文上加入主題標籤，主辦方在蒐集和管理貼文時就會更方便。而使用者也更容易有機會看到熱門活動。

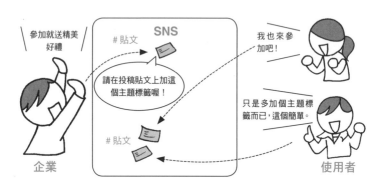

Facebook

接下來就讓我們分 來看看各大社群網站的特色，首先要看的是「Facebook」（臉書）。它是一個使用實名的社群網站，特色是使用者的年齡分布很廣泛，亦可使用照片或影片等豐富多媒體，還可發佈長篇文章，因此也可當作網頁來使用。至於它的廣告，則是可用較低預算執行的 Facebook 廣告（☞ P.233）。

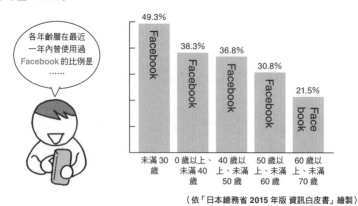

（依「日本總務省 2015 年版 資訊白皮書」繪製）

Twitter

　「Twitter」（推特）是個可以使用暱稱註冊的社群網站。它最大的特色，就是字數限制。以日文而言，每則「推文」限用 140 字以下。它的主要使用者為未滿三十歲的年輕族群，使用率僅次於 LINE。至於它的廣告，則是以推薦推文（☞ P.233）最為普遍，另外還可使用推薦帳號（Promoted Accounts）功能，讓廣告主的帳號出現在「建議帳號」的版位上。此外，推特的廣告投放，是由特定的廣告公司負責辦理。

LINE

　「LINE」除了是個具有聊天功能的通訊軟體之外，亦可在它的動態消息上貼文，或者群組聊天。相較於其他社群網站，LINE 的特色是它在年輕族群當中的使用者很多。至於它的廣告，有可用低預算起步的 LINE@（☞ P.234），以及費用較高，但可發送貼圖的官方帳號（☞ P.234）。

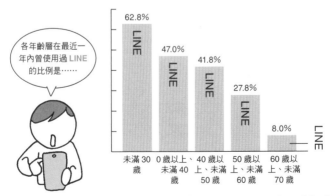

（依「日本總務省 2015 年版 資訊白皮書」繪製）

255

Instagram

「Instagram」是照片分享軟體，也是一個社群網站。在軟體上可以拍照，還可使用「濾鏡」的功能來為照片加工，亦可上傳影片，所有內容都可分享到 Facebook 或 Twitter 上，在年輕女性族群當中大受歡迎。或許是因為 Facebook 公司收購了 Instagram 的關係，近來 Instagram 上的廣告樣式，變得和 Facebook 很相似。而在 Instagram 上投放廣告，也必需具備 Facebook 廣告帳號和 Facebook 頁面。

YouTube

「Youtube」是供使用者投稿上傳影片的社群媒體。許多企業也將產品使用方式或效果呈現的影片，或觀眾迴響熱烈的電視廣告等上傳到這個網站。影片上傳到 Youtube 後，亦可當作廣告來使用。Youtube 上的廣告分為兩種投放類型，一是在使用者觀看影片前播放的廣告，另外則是出現在搜尋結果或播放中的影片旁，兩者皆需收費。

社群聆聽

「社群聆聽」（social listening）是指蒐集在社群網站上發生的日常對話或行為的數據，並加以分析。它有助於掌握品牌動向，或量測消費者對行銷活動的反應。

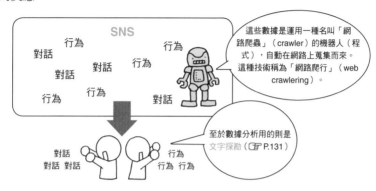

這些數據是運用一種名叫「網路爬蟲」（crawler）的機器人（程式），自動在網路上蒐集而來。這種技術稱為「網路爬行」（web crawlering）。

至於數據分析用的則是文字探勘（☞ P.131）

MROC

「MROC」（marketing research online community，市場調查網路社群）並非社群網站，而是在網路上創造一個行銷操作專用的社群，以調查社群成員的一種手法。社群成員會選具有某些共通點的人，例如特定商品的使用者，或具特定生活背景的族群等。讓這些成員透過智慧型手機等裝置，在網路社群上展開對話，就像在社群網站上一樣，以作為新商品或新市場開發上的參考。

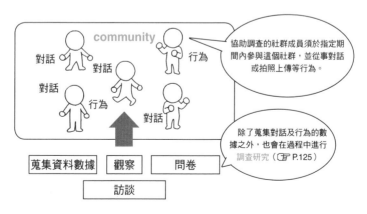

協助調查的社群成員須於指定期間內參與這個社群，並從事對話或拍照上傳等行為。

除了蒐集對話及行為的數據之外，也會在過程中進行調查研究（☞ P.125）

蒐集資料數據　觀察　問卷

訪談

病毒式行銷

「病毒式行銷」（viral marketing）是讓使用過商品或服務的消費者，透過口耳相傳的方式，將商品或服務不斷地向親朋好友介紹的行銷手法。「viral」帶有「病毒性」的意思，這種行銷手法一旦成功，口碑就會在短時間內爆發式地擴散，故得此名。

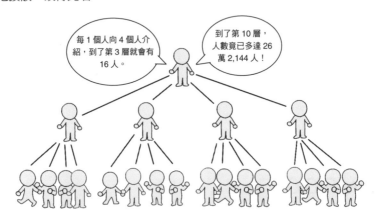

每1個人向4個人介紹，到了第3層就會有16人。

到了第10層，人數竟已多達26萬2,144人！

隱性行銷

將病毒式行銷當中的宣傳成分隱去不提，就成了「隱性行銷」（Stealth Marketing，也就是俗稱的「業配文」）。這種行銷手法，就像在雷達上不易偵測到的隱形戰機一樣，是一種悄悄進行的宣傳。「Stealth」這個英文字帶有「秘密」的意思。日本不久前因為藝人被揭發收受廠商酬勞，在個人部落格介紹特定網站，而使「隱性行銷」一詞聲名大噪，現已成為廣為人知的一般名詞。

這個很不錯喔！

哇～

該不會是秘密行銷吧？

影響者

　　對大眾的消費行為擁有極大影響力的人，在行銷上稱之為「影響者」（influencer），也就是該領域的專業人士、或大眾好感度極高的名人。影響者在大眾傳播媒體上介紹過的商品或服務一夕暴紅熱賣的案例，已非罕見。而試著找出這種影響者，請他傳播對自家商品或服務有益的訊息，就是所謂的「影響者行銷」（Influencer Marketing）。

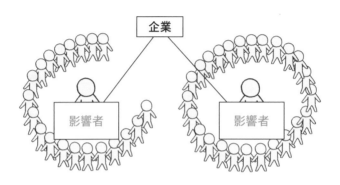

人氣部落客

　　對某個領域擁有豐富的知識或技術，並運用這些知識或技術來經營部落格而受到矚目，甚至擁有廣大讀者，成為影響力舉足輕重的部落客，這種人就稱為「人氣部落客」（Alpha blogger），當然也是重要的影響者。在美國，據說會把這樣的族群稱為「A-list Blogger」。

口碑行銷

像病毒式行銷、或影響者行銷這種利用口碑傳播所作的行銷，統稱為「口碑行銷」。下圖是美國的口碑行銷協會（Word of Mouth Marketing Association）對口碑行銷的分類，總共可分為 11 類。

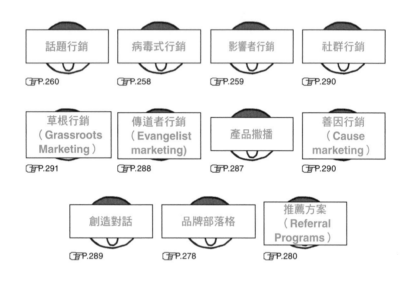

話題行銷
☞P.260

病毒式行銷
☞P.258

影響者行銷
☞P.259

社群行銷
☞P.290

草根行銷
（Grassroots Marketing）
☞P.291

傳道者行銷
（Evangelist marketing）
☞P.288

產品撒播
☞P.287

善因行銷
（Cause marketing）
☞P.290

創造對話
☞P.289

品牌部落格
☞P.278

推薦方案
（Referral Programs）
☞P.280

話題行銷

「話題行銷」（buzz marketing）可說是口碑行銷當中最具代表性的一種類型。「buzz」的原義是如翅膀拍動般的嗡嗡聲，在這裡指的是社會大眾到處吱吱喳喳地道聽塗說的狀態。這種行銷手法，就是要盡量增加街談巷議的總量，搶佔話題版面。有時它也會成為口碑行銷的同義詞。

鴻溝

在現今社會當中，行銷要操作的產品大多是高科技的結晶。傑佛瑞・摩爾（Geoffrey Moore）認為，這些既有的常識，已無法套用在這些高科技的產品或產業上。因此，他在自己的著作當中提到，在通過創新理論所謂的「普及率16％的邏輯」（☞ P.147）之後，會出現一個巨大的鴻溝（chasm），許多新產品都會跌入此處，無從普及。

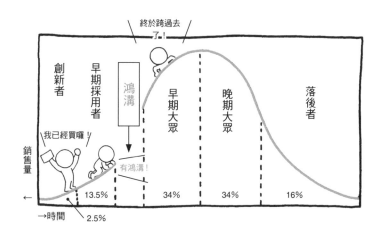

摩爾認為，在抵達鴻溝之前是「早期市場」（early market），跨越鴻溝之後則是「主流市場」（mainstream market）。企業對主流市場應有不同的行銷操作。

這套「鴻溝理論」，在科技進步一日千里、變化劇烈的產業裡，備受重視。

who's who

傑佛瑞・摩爾（1946年～）

美國的行銷顧問。他的著作《跨越鴻溝》（*Crossing the Chasm*）一書，被高科技產業譽為聖經。

長尾

《連線》（Wired）雜誌前總編輯克里斯‧安德森，曾以向「20／80法則」（☞ P.154）提出異議的的形式，說明了網路購物的商業模式。通常，在實體店面裡，因為有貨架及庫存成本的限制，因此會呈現「由20%的商品，貢獻80%的營收」的狀態。若將庫存品項和它們的營業額繪成圖表，即如下圖所示。

可是，網路購物既沒有店面，庫存和配銷成本也低，因此即使是一年只賣出一個的品項，也值得備貨。因為在品項總數破億的亞馬遜（amazon）等購物網站上，這種商品的營業額也是相當龐大的收益來源。如此一來，圖表就會變成下面這樣。這就是「長尾理論」（long tail）。——正因為網路購物把這些銷售低的商品也納入銷售品項，商機流失降到最低，才能成長為如此龐大的產業。

免費增值

　　「免費增值」（freemium）和長尾理論一樣，都是克里斯・安德森在書中所提及，因而打響名號的詞語。它指的是一種商業模式，——基本服務免費（free），特殊功能則需要付費加值（premium），為企業確保獲利。例如玩線上遊戲免費，若想玩得更盡興，就必須付費購買道具。

　　以往，免費提供服務的商業模式，通常都要仰賴廣告收入。免費增值有別於既往的做法，不追求廣告收入，或廣告收入只需打平基本服務的支出。網路上的服務或內容，營運成本通常都很低，因此這種商業模式才能成立。

　　據了解，目前網路上約有半數的服務，都是採用這種免費增值的商業模式。

大數據

在未來的行銷上，「大數據」應用的重要性必將與日俱增。在網路媒體上所做的「社群聆聽」（☞P.257），或運用網站數據所做的「推薦」（☞P.240）等，目前皆已相當普遍，但大數據的應用其實還不只這些。下圖所列舉的這些大數據，未來都可望再做更進一步的應用。

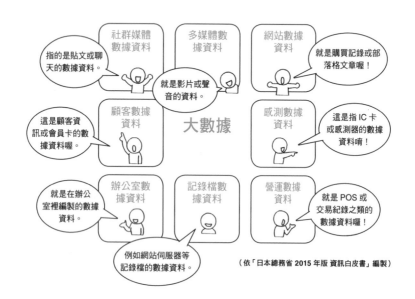

（依「日本總務省 2015 年版 資訊白皮書」編製）

例如只要導入集點卡，就可以掌握消費者在店頭的消費履歷等顧客資料數據。事實上，已有運用這個機制來調整商品結構的案例。此外，由於 IoT（☞P.273）的發展，萬物聯網時的感測數據資料，未來也都可以應用。

行銷 3.0

　「行銷 3.0」是大師科特勒（☞ P.20）在 2010 年出版的著作名稱，同時也是他在書中所提倡的一種觀點。這個概念所涵括的內容包羅萬象，無法在此簡單說明完畢，請各位先記住有這樣的一個術語。若只能用一個關鍵字來表達這個觀念，那麼這個關鍵字會是「價值導向的行銷」。它和行銷 1.0、行銷 2.0 之間的差異，如下圖所示。

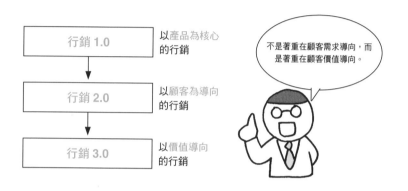

行銷 1.0　以產品為核心的行銷

行銷 2.0　以顧客為導向的行銷

行銷 3.0　以價值導向的行銷

不是著重在顧客需求導向，而是著重在顧客價值導向。

行銷 4.0

　行銷大師柯特勒於 2014 年提倡了「行銷 4.0」。若同樣只能用一個關鍵字來代表這個概念，那麼這個字會是「自我實現的行銷」。沒錯，柯特勒正是以馬斯洛需求層次理論（☞ P.54）的最終階段為藍本，發想出這個概念的。

自我實現

換言之，這裡著重的並非企業的自我實現，而是顧客自我實現取向的行銷。

〈書末附錄〉

行銷概念事典

〈書末附錄〉行銷概念事典

●數字

1比5法則

這個法則的內容是在表達：就一般而言，獲取新顧客需要投入的成本，約為留住一位現有顧客的五倍。從這裡再延伸出一個概念：就獲利的觀點而言，維繫既有顧客會比爭取新顧客來得更重要。

3i

又稱為「3i模式」，是行銷3.0（☞P.265）當中很受重視的三個品牌要素。在行銷3.0當中，由品牌、定位、差異化這三者所組成的三角形是否保持平衡，至為重要。如右圖所示，例如品牌誠信（Brand Integrity）是由定位和差異化形塑而來，同樣地，3i模式是由呈現品牌定位的「品牌認同」（Brand Identity），展現誠實不欺的「品牌誠信」（Brand Integrity），以及表現消費者對品牌情感的「品牌形象」（Brand Image）所形塑出來的。

5比25法則

主張「一般來說，若能改善5%的顧客流失，獲利率就能提升25%」的一項法則。回購同樣的商品時，可省去銷售人員的說明等成本，現有顧客還可介紹新顧客，甚至現有顧客往往會呈現出手越來越大方的消費趨勢，因此獲利率上升可期。從這幾點也可看出維繫現有顧客的重要性。

7S

又稱為「麥肯錫7S模型」（McKinsey 7S model），由美國企管顧問公司麥

肯錫（Mckinsey＆Company）所提倡，是一套依企業策略思考組織運作的架構。如下圖所示，在這個架構裡，呈現了以英文字母「S」開頭的七大經營資源。其中又可分為硬體面的3S，和軟體面的4S。硬體面可以在較短時間內調整，但軟體面既不易調整，也很難掌控。麥肯錫認為，企業在執行策略時，不僅要重視容易下手的硬體，更重要的是包括軟體在內的整體軟硬融合與整合。

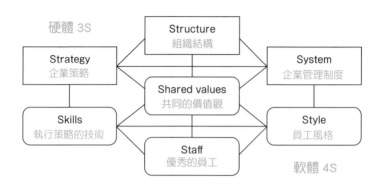

●英文（依字母順序排序）

Ad Exchange

在網路廣告的世界當中，廣告交易平台（Ad exchange）是一個交易市場，用來交易廣告聯播網（☞P.229）上的廣告版位。目前市面上已有Google所經營的DoubleClick Adexchange，以及Mircosoft所經營的MicrosoftAdvertisingExchang等多家平台業者。只要網路使用者造訪網路媒體上的網頁，有廣告版位可供曝光時，廣告交易平台就會啟動RTB（☞P.275）機制，透過競標來進行版位交易。在不同的廣告聯播網上，計費方式可能會依點擊次數計費（PPC，☞P.231）或依曝光數計價（☞P.232）。但在廣告交易平台上，計費方式則是一律採用曝光數計價法。

Advertising Technology

簡稱「AD tech」，字面上的意思是指廣告科技，但這個詞又特指網路廣告的投放相關科技。目前市面上結合AD tech所做的服務包括DSP（☞P.272）、SSP（☞P.276）、RTB（☞P.275）、DMP（☞P.271）等。

AIDAS法則

又稱作「愛達斯法則」，是一種購買行為的過程（☞P.58）。前半的注意（Attention）、興趣（Interest）、欲望（Desire）、行動（Action）都和AIDA法則（☞P.58）相同，不同之處在於AIDAS法則透過售後服務讓消費者感到滿意，進而成為回頭客。

AIO

又稱為「AIO分析」，是用來分析消費者生活型態或價值標準的一種手法。它能就三個面向來分析消費者：一是消費者所從事的活動（Activity），再者是他們關注（Interest）的焦點，第三則是消費者的意見。

BOP

金字塔底層（Bottom Of Pyramid）的簡稱，指的是生活在每人年均所得在三千美金以下的族群，據說人數佔全球人口總數的一半以上。所謂的「金字塔底層商機」，是不把他們當作需要濟助的對象，而是把這個族群視為一個市場，從中發展商機獲利，並為他們帶來收入的一種商業模式。此外，由於一般的行銷手法在BOP並不適用，因此也有人提倡「BOP行銷」。

BtoB

「Business to Business」的簡稱，也寫成「B2B」，意指企業間的交易。原本特指在電子商務（☞P.273）上的交易，現在包括BtoB、BtoC、BtoG等交易模式在內，所指涉的範圍已包括所有線上和線下的交易。另外，這個詞也會用在「BtoB的市場規模」、「BtoB行銷」等。

BtoC

「Business to Comsumer」的簡稱，也寫成「B2C」，意指企業與消費者間的交易。這個詞也會用在「BtoC企業」、「BtoB事業」等。敬請一併參照「BtoB」項說明內容。

BtoG

「Business to Government」的簡稱，也寫成「B2G」，意指企業與政府機關之間的交易。敬請一併參照「BtoB」項說明內容。

CI

「企業識別系統」（Corporate Identity）的簡稱，指的是企業積極對外傳播、並與社會共享自身企業文化或獨特性的一種企業策略。企業創造出企業文化，再透過足以展現企業文化的形象、設計或訊息，提高企業本身的存在價值。在各種溝通管道（ P.191）上使用一致的企業名稱、品牌名稱、企業標誌、企業標準色、宣傳標語、概念、訊息等，藉以逐步建構企業形象。

CLO

「聯卡特價優惠」（Card Linked Offer）的簡稱。這種行銷手法，是根據信用卡或簽帳金融卡等卡片上的消費及購物記錄、使用者性別、年齡等資訊，提供適合該顧客的折價券等優惠。日本在2013年前後，也已開始盛行。

CSR

「Corporate Social Responsibility」的簡稱，意指「企業社會責任」。在現今社會，企業必須對自身活動所帶給社會的影響負起責任，而不是一味地追求獲利。這份責任不只是對企業自己的顧客，還包括對消費者、當地民眾、供應商、投資人等利害關係人，甚至是對整個社會都有責任。

CTA

「Call to Action」的簡稱，中文是「召喚行動」，意指促進網站造訪者做出某些特定行動。例如申辦或洽詢等，而這些行動就是網站設定的目標，亦用來指那些引導消費者前往目標網頁的橫幅廣告或連結。將CTA（ P.239）放在到達頁固然理想，但重要的是必須考量那些從搜尋引擎進入網頁的造訪者，並把CTA設在最有效的網頁。

CtoC

「Comsumer to Comsumer」的簡稱，也寫成「C2C」，意指消費者與消費者間的交易，其中最具代表性的就是網路拍賣。敬請一併參照「BtoB」項說明內容。

DMP

「數據管理平台」（Data Management Platform）的簡稱。這個平台可以統一管理、分析各種數據資料，並進行最合適的廣告投放等。它分為兩種，

一種是雲端型平台，可使用存在網路上各個伺服器裡的大數據等，稱為「開放式DMP」；另一種則把自家網站上的購買記錄或顧客資訊連結到開放式DMP，稱為「私有式DMP」。

DMU

「Decision Making Unit」的簡稱，意指「決策單位」，也就是與購買等決策有關的群體。舉例來說，當先生在選購一輛自己要開的車時，會對決策做出重大影響的家人，就是決策單位。在BtoB（☞P.270）的領域當中，除了實際使用者之外，背後往往還有手握選購決策權的主管或採購人員，因此掌握DMU便更顯重要。

DSP

「需求方平台」（Demand-Side Platform）的簡稱。在網路廣告的世界裡，廣告主可以在供應方平台（☞P.276）上，透過供應方平台向廣告聯播網（☞P.229）或廣告交易平台（Ad Exchange，☞P.269），以半自動的方式投放廣告。DSP廠商在向廣告主收取使用費後，會將廣告投放到最合適的媒體上。至於在媒體上要播放哪個廣告，則會交由即時競價機制（☞P.275）來決定。

ES

「Employee Satisfaction」的簡稱，中文是「員工滿意度」，主要會受到業務內容、職場環境、人際關係等方面的影響。從行銷的觀點來看，要提升顧客滿意度（☞P.46），就必須提高員工滿意度才行。

Google AdWords Express

Google AdWords（☞P.227）的簡易版廣告服務，只要三個步驟，幾次點擊，就能投放廣告，適合沒有官方網站的實體店等在地商號使用。

Google+

Google提供的社群網站，屬性介於Facebook和Twitter之間。據說Google+上的貼文，在Google搜尋當中出現的排名順序較前面。

imp

「impression」的簡稱，即「曝光」（☞P.232）之意，也就是指「廣告出

現」，或「廣告出現次數」（曝光數）的意思，會用於「每千次imp曝光」等。

in-feed廣告

出現在網站或APP上，夾在一般內文與內文之間的廣告，在社群網站和策展網站等媒體上很常見。

in-read廣告

當網頁畫面捲動到影音廣告版位，即開始自動播放的一種影音廣告。通常會放在主要內容（main content）裡。

IoT

「Internet of Things」的簡稱，中文稱為「物聯網」，也就是不僅電腦和智慧型手機等資通訊設備，就連家電和各式各樣的設備裝置等，都透過網路來連接。透過這些設備上的感測器，人可從遠端掌握設備的狀態，亦可透過網路通訊連線來操作設備。感測器上的數據資料，更有望成為一份值得善加運用的大數據。

IR

「投資人關係」（Investor Relations）的簡稱，也就是企業對股東等投資人所進行的公關活動。除了辦理財報說明會及發送年報之外，目前企業通常都會在官方網站上設有投資人關係的網頁，向社會大眾公開相關資訊。它和公共關係（☞P.204）的不同之處，在於它會作為投資人的投資判斷依據，因此即使是對企業不利的事實，也都必須正確地揭露相關資訊。

KGI

「Key Goal Indicator」的簡稱，中文是「關鍵成果指標」。這個指標，是用來呈現企業組織或專案最終所應達成的目標。舉凡營收、獲利率、簽約件數等量化的目標，都必須要明確地擬訂出來，例如在何時之前，要達到營收○○億日圓、獲利率○○%、成交件數○○件等。

KPI

「Key Performance Indicator」的簡稱，中文是「關鍵績效指標」。這個指標，是用來呈現KGI在達成過程中的進度率。在設定KPI時，要選擇對KGI極

具影響力的項目，例如業務員拜訪客戶的次數、成交率、平均接單成本等，接著再確實管理進度，就能逐步達成KGI。

LINE Ads Platform

是LINE自2016年開始提供的程序化廣告（☞P.288）服務。相較於官方帳號，這個方法能以較低費用，聚焦向特定客群投放廣告，因此也讓廣告主有更多元更廣泛的廣告投放機會。這個平台上的廣告，會呈現在動態消息及LINE NEWS等處。

LOV

「List of Values」的簡稱，中文是「價值量表」，是用來分析消費者生活型態或價值標準的手法之一。它會透過一些方法，例如依重要性排列包括自尊自重、安全、成就感等在內的九項價值觀，將消費者的行為模式加以歸類。

OtoO

「線上對應線下實體」（Online to Offline）的簡稱，也寫成「O2O」、「On2Off」。它是一種引導消費者從網路（online）上走入實體店面（offline）消費，或從線上對線下的購買行為造成影響的手法，例如在官方APP（☞P.251）上發放優惠券，或投放適地性廣告（☞P.251）等。

Pinterest

專門分享圖像的社群網站。除了可以將自己拍攝的照片放到自己的版面上之外，還可藉由轉釘（Repin）其他使用者釘選的圖片（Pin）來分享，亦可釘選不在Pinterest上的圖片。

PL法

「Product Liability」的簡稱，也就是日本的「製造物責任法」（編按：可參考我國民法第191-1條之「商品製造人責任」，及消費者保護法第7條至第10-1條、第51條）。這項法律規定，凡製造商製造、加工、進口、或加添標示後交付他人的製造物，如遇有缺陷，並造成消費者生命、身體、財產上之損失時，不論行為屬故意或過失，製造商等業者皆應負賠償責任。

POS

「Point of Sales」的簡稱，原意為銷售時點，因而衍生出「銷售時點管理」

這個名稱。而以「POS收銀機」讀取商品資訊，在電腦上進行分析後，用來輔助進行商品計畫或庫存管理的這套系統，稱為「POS系統」。在POS系統裡累積的「POS資料」，更可望成為值得妥善運用的一份大數據（☞P.264）。

QR code

由日本電綜（Denso）公司所開發，專供行動裝置使用的矩陣式二維條碼。QR是「Quick Response」的簡稱。只要透過專用軟體，任何人都能製作QR code，因此目前在一般企業的運用也相當普及。現已有人提出「QR code行銷」的概念，就是用它來作為連結網路與實體的OtoO（☞P.274）工具。

RFM分析

利用最近購買日期（Recency）、購買頻率（Frequency）、購買金額（Monetary）這三項指標將顧客分類後，再針對不同族群進行最妥善的行銷操作。這套分析手法不僅可單純依據購買金額高低來分類，還能劃分出很久之前曾下過大筆訂單、或最近頻頻小額購物的顧客等。

ROAS

「Return On Advertising Spend」的簡稱，中文是「廣告投資報酬率」。它是用「營收除以廣告費」所計算出來的數字，可看出投入廣告費後帶來多少倍的營收，倍率越高，表示廣告越有效。網路廣告由於可以明確掌握個別廣告所貢獻的營收數字，因此可就單一廣告計算ROAS。

RSS廣告

RSS是「豐富的網站摘要」（Rich Site Summary）的簡稱，主要是指一種發佈網站更新資訊或新聞摘要等消息的技術。而和RSS feed一起發佈的廣告，就是RSS廣告，它們會和報導或資訊內容一同列在RSS閱讀器的畫面上。

RTB

「即時競價機制」（Real Time Bidding）的簡稱。這種機制，會在使用者從造訪網路媒體的網站起，到出現廣告為止的這段期間，以競價方式即時挑選最合適的廣告，投放給使用者。「bid」為「競標」之意。當使用者造訪時，網路媒體幾就會傳送通知給SSP（☞P.276），SSP再向DSP（☞P.272）發出競標通知，DSP上就會展開各個廣告版位的競標。接著，各家DSP上的版位得標者會再競到SSP上競標，決定版位上投放哪個廣告。

SFA

「銷售自動化」（Sales Force Automation）的簡稱，也就是運用IT技術協助業務團隊，提高生產力，進而提升顧客滿意度。因此，顧客資訊、與顧客之間的協商記錄、協商進度、促銷資材、業務人員的行程表等，都要在系統上統一管理。

SSP

「供應方平台」（Supply Side Platform）的簡稱，是能以最佳收益售出廣告投放版位的工具。SSP廠商是向網路媒體收取使用費來營運平台，這一點與DSP（☞P.272）正好相反。它可透過RTB（☞P.275）機制，從各家DSP當中挑選出能為該版位帶來最大收益的廣告。

Traceability

可追溯性（traceability）指的是商品或服務的生產、加工、配銷履歷皆可供確認、追蹤。食品和宅配等業界均已導入這樣的制度。在網路行銷的領域裡，則會用「traceability」一詞來表示在網站上對造訪者所進行的行為追蹤。

VALS

「價值與生活型態系統」（Value and Life Style）的簡稱，是用來分析消費者生活型態或價值標準的一種手法。這一套分析手法認為，社會、經濟的發展，以及看待這些發展的心態，會影響消費者的生活型態，故可將生活型態分為九類：集大成者（Integrated Lifestyle）、成就者（Acheiver）、競爭者（Emulator）、社會自覺者（Socially Conscious）、閱歷豐富者（Experiential）、自我者（I-Am-Me）、歸屬者（Belonger）、支撐者（Sustainer）、殘存者（Survivor）。敬請一併參照LOV（☞P.274）。

VRIO分析

一種用來分析企業經營資源的架構。分析時會分別從經濟價值（Value），稀有性（Rare），難以模仿性（imitability），組織（Organization）這四個角度切入，以了解企業的經營資源究竟具備多少競爭優勢。這是美國企管策略大師傑恩 巴尼（Jay B. Barney）教授在他的著作——《企業策略論 競爭優勢的建構與延續》（Gaining and Sustaining Competitive Advantage）當中所提出的概念。

●中文（依注音符號順序排序）

ㄅ

標竿

標竿（benchmark）一詞原本是個帶有「評價標準」之意的術語，但這裡指的是一種經營管理的手法。企業要先找出足堪作為標準的卓越經營方式或行銷策略，並與企業本身的經營方法或策略進行比較、分析後，其結果可用來協助企業推動改善。

標準字

標準字（logotype）是以企業或商品名稱的文字設計而成，具有將企業或商品品牌化的功能。以企業或商品的意象設計而成者，稱為「標誌」（logo mark）。

不當競爭防止法

為防止各行的同業之間產生不當競爭而訂定的法律，對企圖模仿他人商品使人混淆，或以不當方式取得他人製程等機密等行為，均設有罰則。販賣仿冒名牌商品，或盜版商品者，皆屬於刑事罰則的裁罰對象。

ㄆ

配置

配置（zoning）指的是商品擺放在賣場上的位置、空間大小和數量。距離地面60～160公分處，由於消費者的視線容易停留、方便拿取商品，因此被稱為「黃金位置」（golden zone）。將同品類的商品縱向陳列，以便讓更多不同品類的商品能出現在黃金位置的陳列方法，稱為「垂直陳列」；而將同品類的商品橫向擺放，以便讓熱門品類出現在黃金位置，加強賣場印象的陳列方法，稱為「水平陳列」。

判別分析

判別分析（discriminant analysis）是多變量分析（☞P.131）的手法之一。它可從受訪者所回答的數據當中，判別該樣本屬於哪一個族群。

品牌部落格

品牌部落格是口碑行銷（☞P.260）的一種。由企業化身為旗下品牌的贊助商，協助成立品牌的部落格，並提供一個可與部落格社群交流資訊的場域。此外，還要提供一些只有該部落格社群才知道的獨家資訊，以引起話題口碑。

ㄇ

命名權

命名權（naming rights）指的主要是在體育場等運動場館，冠上贊助企業的公司或品牌名稱的權利。這種做法可讓場館確保一定程度的收入，贊助商則主要是可以獲得廣告效果。

ㄈ

封包擷取型

流量分析工具（☞P.241）的一種類型。這套工具可以擷取通過網站伺服器的封包，並將數據傳送到其他分析專用的電腦上解讀。

ㄉ

低行銷

低行銷（Demarketing）就是設法讓商品或服務賣不出去的行銷操作。換言之，就是停止宣傳，降低需求。在商品供不應求等情況下，就會採取這樣的措施。

店內商化

店內商化（in store Merchandising）又可簡稱為「ISM」，是用科學的、統計學的方式，評估零售商店內所陳列的商品品項和商品結構，以促進消費者購買的手法，內容可概略分為店內促銷（in store promotion）和空間管理（space management）這兩大類。

店內促銷

店內促銷（in store promotion）亦可簡稱為「ISP」，是店內商化的主軸之一。通常會運用示範、派樣、優惠券、現金回饋、紀念品（☞P.199）、POP廣告、店頭傳單（☞P.200）等手法告知消費者。

電商

「Electronic Commerce／E Commerce」，中文全稱是「電子商務」。

電商網站

在網路上販售商品或服務的網站。「電商」是電子商務（Electronic Commerce）的簡稱。

獨占禁止法

正式名稱為「禁止私人獨占及確保公平交易之相關法律」，在日本又有「獨禁法」之稱。該法明令禁止市場獨占、企業聯合壟斷價格及不公平之交易等事項，以促進市場上進行公正而自由的競爭。

多通路

多通路（multi-channel）指的是備妥多個銷售通路（☞P.172），例如有實體店銷售，又可用電商網站上所刊登的電話號碼下單，亦可在電商網站上填妥表格訂購等。而整合這些通路一併管理，就成了跨通路（☞P.282）的概念。

多元迴歸分析

多元迴歸分析(multiple regression analysis)是多變量分析（☞P.131）的手法之一。相較於只能用一個變數來預測一個目的變數簡單迴歸分析，多元迴歸分析則是用多個變數來進行預測。

對應分析

對應分析(Correspondence analysis)是多變量分析（☞P.131）的手法之一，會以散佈圖呈現交叉統計的結果。

洞見

Insight一詞原本的涵義是洞察、發現，但在行銷上，它被用來代表消費者真正想要的事物，或內心真正的想法。換言之，所謂的洞見，在行銷上是指透過觀察消費者，來發現他們真正想要的事物，或用來指那些發現。而這些事物有時是消費者自己都沒查覺到的。它常會用在「要掌握顧客洞見」、「要找出消費者洞見」等時機。

ㄊ

推廣趨勢

推廣趨勢（promoted trends）是推特廣告（☞P.233）的一種，它會和推廣標記一起出現在流行趨勢一覽表的最上方，或使用者的動態消息上。

推薦方案

推薦方案（referral program）是口碑行銷（☞P.260）的一種。由企業推出方案，讓顧客向親朋好友推薦該企業，進而建立口碑。

團隊商品計畫

團隊商品計畫（team merchandising）指的是由製造商、經銷商和零售商共組團隊，一起進行包括商品開發在內的各項商品計畫。在團隊運作下，就能以更短的時間，開發出更能符合顧客需求的商品。此外，這個方法也能依市場需要，更靈活地進行生產與配銷。

ㄋ

內部行銷

內部行銷（internal marketing）是行銷大師柯特勒在全方位行銷（☞P.30）這個概念中所提及的要素之一。

ㄌ

流量

流量（traffic）原本是指在網際網路上傳輸的數據量，但在網路行銷的領域當中，有時也會把網站的造訪量稱為流量。

聯合分析

聯合分析（conjoint analysis）是多變量分析（☞P.131）的手法之一，透過對事物整體進行評價的方式，計算個別要素對整體評價的影響程度。

量化分析

以數值資料為研究對象的分析類型。例如在網路行銷的領域裡，會使用到的流量分析，就是屬於這一類。

零售支援

　　「retail」是「零售」的意思，而零售支援（retail support）則是指製造商或經銷商出面協助零售業者操作行銷或輔導經營。例如就經營方面給予建議，或提供POS系統（☞P.274）、商品計畫（☞P.152）建議等。除了有助於推升自家商品的營業額，也能藉此加強與零售商之間的關係。

領域

　　「領域」一詞是由英文的「domain」翻譯而來。企業的商業活動行業範圍可稱為「企業領域」，企業旗下的事業開展範圍可稱為「事業領域」，企業長期投入經營資源，並視為經營策略主軸的範疇，則可稱之為「策略領域」。

《

個人化

　　個人化（personalized）是指依個人興趣、關注焦點和行為，調整服務內容的一種手法，在一對一行銷（☞P.64）或集客式行銷（☞P.283）上堪稱不可或缺。實際上，目前的確會因使用者的屬性或行為記錄，來調整網頁或電子報的內容。

個人資料保護法

　　日本的正式名稱是「個人資料保護之相關法律」（編按：類似我國個人資料保護法），當中明定握有個人資料之業者，有義務妥善管理個資。

感性消費

　　選購商品或服務時，通常會以「品質好壞」作為判斷的標準，但現在有越來越多人會以「喜不喜歡」這個感受上的標準來決策。這樣的消費決策方式，就稱為感性消費；而以「品質好壞」作為判斷標準的決策方式，則稱為「理性消費」。

關鍵字規劃工具

　　關鍵字規劃工具（keyword planner）是Google AdWords當中的一個工具，可利用它來搜尋字詞，以便找出新的關鍵字；亦可確認廣告投放結果的相關數據，例如過往的搜尋量等。廣告主可在這套工具上查看預估點擊數和推估轉換數等數值，並將這些資訊運用在競標金額或廣告預算的設定上。

關係行銷

關係行銷（relationship marketing）是與顧客長期維持良好的關係，藉以獲取顧客忠誠度的一種行銷手法。在行銷大師科特勒提出的「全方位行銷」（☞P.31）概念中，它是構成要素之一。而企業不僅要重視顧客，更要與供應商、配銷商，甚至是其他相關人士建立良好的長期關係。

廣告效果測定

☞客觀地量測廣告的效果多寡。大眾媒體等平台上的廣告，在技術上難度較高；而網路廣告則則可透過流量分析等技術，更客觀地量測廣告效果。測定時會使用市面上現有的各式「廣告效果測定工具」。

公益

「Philanthropy」一詞在英文中為「慈善活動」之意，在日本主要指的是企業所從事的公益活動。公益活動的種類相當多元，舉凡支持學術研究、援助社福機構，協助振興地方、環保等都是。

共變異數結構分析

多變量分析（☞P.131）的手法之一，透過驗證多個變數之間因果關係的假設，為變數之間的因果關係做出明確的界定。

共生行銷

共生行銷（Symbiotic marketing）又稱為「合作行銷」（Co-marketing），是從企業與企業、企業與消費者共存共生的思維出發，對信賴的重視更勝獲利，尤其最重視消費者信賴的一種行銷模式。敬請一併參照「合作行銷」（☞P.283）項說明內容。

ㄎ

跨通路

跨通路（cross-channel）是指整合管理多通路（multi-channel，☞P.279）的訂單、庫存、顧客，可改善一些在多通路零售上常見的問題，例如庫存積存於特定通路所造成的商機損失或不良庫存等。

空間管理

Space Management，簡稱為「SPM」，是店內商化（☞P.278）的主軸之一。它分為兩個部分：一是「樓面管理」，包括店內商品區的陳列配置、貨架排面分佈等；另一個部分是「貨架管理」，包括貨架上的商品陳列，以及各區商品陳列狀況等。

ㄏ

合作行銷

又稱為「協同行銷」（collaborative marketing），意指多家企業結盟合作，互相運用彼此的經營資源，以達到比單純加總更高的加乘效果。敬請一併參照「共生行銷」（☞P.282）項說明內容。

海因利奇法則

又稱為「1:29:300法則」，是指在一件重大事故背後，隱藏了29件輕微意外，還有300件有驚無險的失誤。這個法則是由曾任職於美國一家產物保險公司的哈伯特 海因利奇（Herbert William Heinrich）在分析職災案件時所發現的。在商業上，則有「一個重大問題的背後，隱藏著29件客訴，和300件員工的小過失」等說法。

互動行銷

有別於廣告等單向的溝通手法，互動行銷(Interactive marketing)泛指透過互動式（Interactive)溝通所進行的各種行銷操作。舉凡型錄、電話、店頭、面訪等，都是互動行銷的範疇，但多半特別用來指稱網路上的行銷操作。

滑鼠加灰泥

滑鼠加灰泥（Click and Mortar，意指虛實整合）指的是從事業起步之初，即以電子商務和實體店面搭配發展的企業。敬請一併參照磚塊加滑鼠（Bricks and Clicks，P.287）項說明內容。

ㄐ

集客式行銷

集客式行銷（inbound marketing）指的是將企業部落格和影片等優質內容上傳到網路，讓使用者透過搜尋找到這些內容，進而在社群網路上分享或

轉發。如此一來，潛在顧客就有機會看到，並萌生對企業、商品或服務的興趣。這種操作手法雖和內容行銷（☞P.222）很相似，但差異在於集客式行銷還會視購買過程需求，合併使用電子報和線上課程等工具。

加乘效果

加乘效果就是英文的synergy effect。舉例來說，與其是集團旗下幾家企業各自獨立經營，有時還不如整合到一個控股公司之下，更能有效經營。

價值鏈

價值鏈（value chain）是一個架構，用來釐清企業如何創造出自己的附加價值，以及自身的競爭優勢何在。如圖所示，在價值鏈的概念中，把在原材料採購、製造、出貨、銷售及售後服務等一連串過程中，為產品增添附加價值的活動，視為企業的主要活動，要釐清每個環節的功能、成本和貢獻度。它是管理大師波特在《競爭優勢》一書所提出的概念。

交叉陳列

交叉陳列（cross merchandising）也可寫成「cross MD」，意指將原本陳列在店頭不同區域，但相關性強的商品，擺放在同一區的陳列手法。最常見的例子就是在酒類區陳列下酒零嘴。

建議售價

又稱為「建議零售價」，由製造商訂定，以作為零售階段的售價參考。由於日本的獨占禁止法原則上禁止廠商指定末端零售價格，因此這個售價終究只是個參考，不具強制力，而是由零售商參考建議售價後，自行訂定實際售價。

精準式廣告

精準式廣告(Targeting Ad)指的是先分析網路上的使用者和內容，篩選出精確目標後，再鎖定目標族群投放的所有廣告，種類包括行為定向廣告（☞P.286）和重定向廣告（☞P.230）等。

精神行銷

精神行銷（spiritual marketing）是建構行銷3.0（☞P.265）的三大基石（協同行銷、文化行銷、精神行銷）之一。在精神行銷的概念當中提到，現今的顧客已開始萌生感動需求，而且是足以撼動精神層面的感動，因此企業應該提出新的方法和價值觀，以解決這樣的社會問題。

競爭優勢

競爭上的優勢地位，例如推出比競爭者更優質的商品或服務，或以更便宜的價格供應商品等。然而，在現今市場上，企業很難掌握一個其他競爭者無法模仿的競爭優勢，多半是以設計和品牌等多重元素，來保持自身的優勢。要釐清企業自身的優勢，可運用價值鏈（value chain，☞P.284）這個架構來進行分析。

競食

字面上是「互相搶食」的意思，行銷上指的是自家商品互相侵蝕營收的現象，例如企業推出新商品後，反倒造成自家現有商品營收下降等情形。

〈

潛在顧客

☞英文是「lead」，意指透過行銷活動所掌握的潛在顧客。例如在網站上索取資料、到場參觀展售會，或對電話行銷的反應良好等，就會成為潛在顧客。這個詞還會用在「潛在顧客管理」（lead management），意指管理潛在顧客，以促進成交。

潛意識知覺

潛意識知覺（subliminal perception）指的是在人無從察覺的情況下，對意識與潛意識交界附近加諸諸刺激時，就會出現的一種效果。常有人舉這個例子來說明潛意識知覺：在影片播放過程中，以觀眾幾乎無法察覺的短時間插入影像，就能刺激消費者的欲望。在心理學實驗上已否定了它的效果，但在日本NHK和主要民營電視台的播放標準上，還是禁止使用這種行銷操作。

取捨

取捨（trade-off）指的是幾個元素之間的利害相互衝突，無法兼得的一種關係。行銷上的課題往往就是在克服這些取捨，例如「既要品質好，又要價格低」等。

ㄒ

協同行銷

協同行銷是建構行銷3.0（☞P.265）的三大基石之一。企業要與其他企業、通路夥伴、股東、員工、消費者共同合作，而不是單打獨鬥。

消費者基本法

由於消費者與業者之間的資訊量、協商能力皆有落差，於是催生了這項法律，用來明訂對消費者權益的尊重、協助消費者主張權益，以及業者應負擔的責任與義務。

消費者契約法

立法旨趣與消費者基本法相同，主要在規範消費者因誤解或迫於無奈而簽訂契約或承諾時，可享有取消契約或承諾之權利。

行銷自動化

行銷自動化（marketing automation）又可簡稱為「MA」，是在操作數位行銷（☞P.214）時，將部份流程自動化，或用來指稱自動化所需的平台及軟體。例如將已申請索取資料的潛在顧客整理成清單、發送DM，分析開封率或網站造訪狀況並分類登錄的自動化等。

行為定向廣告

行為定向廣告（Behavior Target AD）是根據使用者的網頁瀏覽記錄、廣告

點擊等行為記錄，以及在電商網站上的購物記錄等資訊，所投放的精準式廣告(Targeting Ad，☞P.285)。

許可式行銷

許可式行銷（Permission Marketing）指的是在事前徵得顧客許可（permission）後，才進行發送DM等行銷活動的一套手法。這種做法，可防止因為單方面寄送廣告而拉低顧客對企業或品牌的好感，還可達到回應率上升等效果。

宣傳大使

字面上就如同英文裡的ambassador，有使節之意。近年來在行銷領域當中，有些企業或品牌的擁護者，會積極透過社群媒體發佈個人心儀企業或愛用品牌的相關資訊，甚至還會主動為其他使用者解決疑難雜症。這樣的人就稱為宣傳大使。透過這些擁護者，向消費者傳達商品或服務魅力的手法，就稱為「大使行銷」。不過由於它是一個剛萌芽的新領域，因此尚無明確的定義。

ㄓ

質化分析

以無法用數值呈現的質化資料為研究對象的分析類型。例如在網路行銷的領域裡，會使用A／B測試（☞P.240）、社群聆聽等手法，就是質化分析。

主成分分析

主成分分析（Principal Component Analysis）是多變量分析（☞P.131）的手法之一。它能整合多變量的數據，創造出新的綜合性指標。

磚塊加滑鼠

磚塊加滑鼠（Brick and Click）是指原本先經營實體店，後來才加入電商行列的企業。在美國有「磚塊加灰泥」（Brick and Mortar）這個詞，用來指稱那些歷史悠久的企業。「磚塊加滑鼠」即從此詞衍生而來。

ㄔ

產品撒播

口碑行銷（☞P.260）的一種。由企業選擇適當的時機和地點，提供產品資

訊和試用樣品等給意見領袖（☞P.253）或影響者（☞P.259）。

陳列式廣告

陳列式廣告（display ad）是泛指包括橫幅廣告（☞P.224）和影片廣告（☞P.226）等，融入使用者所瀏覽的網頁裡，成為網頁一部分的廣告類型。

成長駭客

成長駭客（Growth Hack）是以商品或服務的成長（growth）為目標，不僅加強行銷操作，還不斷改良商品或服務，以解決成長課題的一種手法。它是從美國創業家西恩 艾利斯（Sean Ellis）提出的一種新型態行銷主管——「成長駭客」所衍生而來的概念。

程序化廣告

指的是運用AD tech（☞P.269），在投放過程中隨時調整廣告版位、費用和目標族群的各種廣告，例如關鍵字廣告（☞P.226）、內容關聯廣告（☞P.228）、聯播網廣告（☞P.229）、DSP廣告（☞P.272）等。非程序化的廣告則有橫幅廣告（☞P.224）、原生廣告（☞P.225）、合作收益廣告（☞P.231）等。

觸發

觸發（trigger）一詞的英文原意是指「板機」，在行銷上是指引發消費者起身行動的契機。例如商品上只要有「期間限定」或「限量」的標示，就會成為一個讓消費者立即購買的契機。或是消費者只要登錄成為企業或商家的會員，就會在生日時收到附有特殊訊息或優惠券的電子郵件，稱為「觸發郵件」。

傳道者行銷

傳道者行銷（evangelist marketing）是口碑行銷（☞P.260）的一種。「evangelist」在英文中指的是基督教傳教士，這種行銷手法，是透過培養支持者的方式，讓支持者代替企業出面，如傳教士般傳播企業想散佈的訊息，讓口碑無遠弗屆。

純線上經營

純線上經營（pure-click）是指僅在電商平台發展事業的企業。敬請一併參

照磚塊加滑鼠（Bricks and Click，☞P.287）項內容。

創造對話

口碑行銷（☞P.260）的一種。透過充滿話題性的廣告、社群網站的貼文，以及廣告標題等方式，擴大口碑討論。

ㄕ

十分位數分析

十分位數分析（decile analysis）是依據消費金額高低來將顧客分組，每組採取不同行銷策略的一種分析手法。「decile」是「十等分」的意思，因此這個分析手法，就是根據消費金額高低，將消費者依序分成Decile 1到Decile 10的十等分，再計算各組的消費金額、總金額佔比、累計消費金額佔比等，並加以分析。

使用者輪廓行銷

使用者輪廓的英文是persona，原意是指在西方古典戲曲當中使用的面具，心理學家榮格用這個詞來表示「人的外在表象」，在行銷上則是代表「使用者典型」的意思。企業可就自身所推出的商品或服務，仔細設定一個最具代表性的使用者條件，並在企業內佈達這個典型樣貌，就能統整企業整體對目標客群的想像。

事實標準

事實標準（de facto standards）是指在市場競爭之下，實質上成為業界標準的規格或產品。網際網路的通訊規格「TCP/IP」，就是這樣的一個例子。

試銷

試銷（test marketing）是指在新商品或服務上市前，在特定區域或通路實驗性推出銷售的一種手法。從試銷所得到的反應，可預測正式上市時的情況，並針對商品、銷售和生產計畫，甚至是訴求方法等進行修正。

社會責任行銷

行銷大師科特勒提倡「全方位行銷」（☞P.30），而社會責任行銷是就是當中元素之一。在他的著作《社會責任行銷》（Corporate Social Responsibility：

Doing the Most Good for Your Company and Your Cause）當中，副標用的就『兼顧「事業成功」與「CSR」』。

社群行銷

社群行銷（Community Marketing）也是口碑行銷（☞P.260）的一種，指的是由企業籌組社群，例如網路社群或線上會員組織等，並透過提供內容或資訊等方式協助社群營運，藉以在社群內製造熱絡的話題討論。

善因行銷

善因行銷（cause marketing）是口碑行銷（☞P.260）的一種。「cause」是「道義」之意。企業從事對社會有意義的活動，例如捐出部分營收所得等，並藉由口碑傳播這些善行義舉，以提升消費者對企業的好感。

數量化理論

☞數量化理論（Hayashi's quantification methods）是多變量分析（☞P.131）的手法之一。它可將質化的資料轉換成相對應的量化數據，以便進行多變量分析。數量化理論共分為Ⅰ～Ⅳ類，第Ⅰ類對應「多元迴歸分析」（☞P.279），第Ⅱ類對應「判別分析」（discriminant analysis，☞P.277），第Ⅲ類對應「主成分分析」（☞P.287），第Ⅳ類對應「多向度量尺法」（multidimensional scaling，MDS）。

數位電視

☞由於數位化的發展，使得電視可以多頻道、高畫質、數據傳輸的方式播放。目前日本播放的數位電視包括數位無線電視、BS數位電視和CS數位電視系統。另外，單波段（one-segment）電視也是一種數位電視。

數位廣播

由於數位化的發展，使得廣播可以高音質、數據傳輸的方式播放。目前日本播放的數位廣播包括地面數位音訊廣播、BS數位音訊廣播和CS數位廣播等系統。

ㄗ

贊助

贊助（Mécénat）一詞主要是指企業捐款支持美術館或博物館營運、協辦藝文展覽等公益（☞P.282）活動，尤其特指對文化、藝術方面的資源挹注。

贈品標示法

日本簡稱為「贈標法」，正式名稱為「不當贈品類及不當標示防止法」。針對在附加過當贈品的銷售行為、誇大不實的廣告、以及不當價格標示等，公平交易委員會皆依此法祭出停止處分。

ㄘ

草根行銷

口碑行銷（☞P.260）的一種。將個人、甚至是地區等草根末端的顧客組織起來，給他們一些刺激，讓自家商品或服務的口碑能藉此擴散出去。

ㄙ

伺服器日誌型

伺服器日誌型（server log）是流量分析工具的幾種類型當中，歷史最悠久的一種。這種類型的分析工具，是將留存在網路伺服器上的存取記錄檔，放在分析專用的電腦上進行解析。

ㄧ

易用性

易用性（Usability）指的是網站或APP的使用方便性或操作順手度，有時也用來指硬體或各種工業產品的使用方便性。

要徑

要徑（Critical Path）是指商品或服務的普及率陡升的轉折點。根據創新理論（☞P.146）的說法，要徑是普及率16%。

優勢策略

「dominant」意指「宰制」，而優勢策略（dominant strategy）指的是零售

業在連鎖化的過程中，選擇在集中在特定區域大量展店的策略。這種做法除了可以提高管理效率之外，也有望在該地區內取得優勢性的市佔率。

遊戲化

遊戲化（Gamification）是指將各種遊戲裡的元素，例如任務、經驗值、升級、虛擬化身等，運用在遊戲以外的活動或服務上。主要目的是要刺激使用者消費，或提高使用者忠誠度。

因素分析

多變量分析（☞P.131）的手法之一。透過因素分析（factor analysis）可找出群體間的共同因素（common factor），分析不同變數之間的關聯性。

✕

維持轉售價格

又稱為「維持轉售價格制度」。在日本，根據獨占禁止法規定，原則上禁止製造商要求通路依指定零售價出售商品，但著作物廠商可訂定售價，其許可範圍僅限書籍、雜誌、報紙、音樂CD或唱片卡帶等四大類。

未定價

英文是「open price」，意指製造商不設建議售價（☞P.285），交由零售商自行決定售價的訂價方式。若設有定價，但實際售價與定價差距較大時，會造成商品「清倉拍賣」的印象，因此採用未定價模式的，多半是產品生命週期（☞P.149）已屆成熟期，價格容易崩盤的商品，或已邁入衰退期，準備出清庫存的商品等。

文化行銷

文化行銷是建構行銷3.0（☞P.265）的三大基石之一，它是從科技進步與全球化所引起的文化課題切入，來思考商業模式的樣貌。

網路信標型

目前最普遍的流量分析工具類型，Google Analytics和Yahoo! 流量分析也都選用此種工具。只要在網頁的HTML檔貼上JavaScript標記或特殊圖像，當該網頁顯示時，電腦等瀏覽裝置上的資料就會傳送到外部的數據解析電腦上。

亦稱為「標記型」。

ㄩ

永續

　永續一詞的英文是「sustainability」，一般是指維護社會及地球環境延續至未來，以及為達到此一目標所做的努力。就如大眾要求企業遵守CSR（☞ P.271）一樣，現今社會也要求企業在從事商業活動或行銷活動時，需兼顧永續。

索引

●中文

國家圖書館出版品預行編目資料

圖解行銷基本力：500個行銷概念全圖解 / 野上真一著；
張嘉芬譯. -- 初版. -- 臺北市：商周出版：家庭傳媒城邦
分公司發行，2018.02
　　　面；　　公分
譯自：マーケティング用語図鑑
ISBN　978-986-477-401-2（平裝）

1. 行銷學
496　　　　　　　　　　　　　　　　　　　107000426

新商業周刊叢書　BW0660

圖解　行銷基本力──
500個行銷概念全圖解

原　書　名／マーケティング用語図鑑
作　　　者／野上眞一
譯　　　者／張嘉芬
責 任 編 輯／劉芸
企 劃 選 書／劉芸
版　　　權／翁靜如
行 銷 業 務／周佑潔、石一志

總　編　輯／陳美靜
總　經　理／彭之琬
事業群總經理／黃淑貞
發　行　人／何飛鵬
法 律 顧 問／元禾法律事務所　王子文律師
出　　　版／商周出版
　　　　　　115台北市南港區昆陽街16號4樓
　　　　　　電話：(02) 2500-7008 傳真：(02) 2500-7579
　　　　　　E-mail：bwp.service@cite.com.tw
發　　　行／英屬蓋曼群島商家庭傳媒股份有限公司　城邦分公司
　　　　　　115台北市南港區昆陽街16號8樓
　　　　　　讀者服務專線：0800-020-299　24小時傳真服務：(02) 2517-0999
　　　　　　讀者服務信箱E-mail：cs@cite.com.tw
　　　　　　劃撥帳號：19833503　戶名：英屬蓋曼群島商家庭傳媒股份有限公司城邦分公司
訂 購 服 務／書虫股份有限公司客服專線：(02) 2500-7718；2500-7719
　　　　　　服務時間：週一至週五上午09:30-12:00；下午13:30-17:00
　　　　　　24小時傳真專線：(02) 2500-1990；2500-1991
　　　　　　劃撥帳號：19863813　戶名：書虫股份有限公司
　　　　　　E-mail：service@readingclub.com.tw
香港發行所／城邦（香港）出版集團有限公司
　　　　　　香港九龍土瓜灣土瓜灣道86號順聯工業大廈6樓A室
　　　　　　Email：hkcite@biznetvigator.com
　　　　　　電話：(852)2508-6231　　傳真：(852)2578-9337
馬新發行所／城邦(馬新)出版集團　【Cite (M) Sdn. Bhd.】
　　　　　　41, Jalan Radin Anum, Bandar Baru Sri Petaling, 57000 Kuala Lumpur, Malaysia.
　　　　　　57000 Kuala Lumpur, Malaysia
　　　　　　電話：(603) 9056-3833　　傳真：(603) 9057-6622　E-mail: services@cite.my

封 面 設 計／黃聖文
印　　　刷／韋懋實業有限公司
經　銷　商／聯合發行股份有限公司　　電話：(02)2917-8022　　傳真：(02)2911-0053
　　　　　　地址：新北市231新店區寶橋路235巷6弄6號2樓

■ 2018年2月7日初版1刷
■ 2024年8月8日初版10.6刷
　　　　　　　　　　　　　　　　　　　　　　　　　　Printed in Taiwan

MARKETING YOGO ZUKAN

城邦讀書花園
www.cite.com.tw

ISBN　978-986-477-401-2

定價／380元　　版權所有・翻印必究（Printed in Taiwan）

115　　台北市南港區昆陽街 16 號 8 樓

英屬蓋曼群島商家庭傳媒股份有限公司城邦分公司　收

- -

請沿虛線對摺，謝謝！

| 書號：BW0660 | 書名：圖解 行銷基本力 |

讀者回函卡

感謝您購買我們出版的書籍！請費心填寫此回函卡，我們將不定期寄上城邦集團最新的出版訊息。

不定期好禮相贈！
立即加入：商周出
Facebook 粉絲團

姓名：＿＿＿＿＿＿＿＿＿＿＿＿＿＿＿＿＿＿＿＿ 性別：□男　□女

生日：西元＿＿＿＿＿＿＿年＿＿＿＿＿＿＿月＿＿＿＿＿＿＿日

地址：＿＿＿＿＿＿＿＿＿＿＿＿＿＿＿＿＿＿＿＿＿＿＿＿＿

聯絡電話：＿＿＿＿＿＿＿＿＿＿＿　傳真：＿＿＿＿＿＿＿＿

E-mail：

學歷：□ 1. 小學 □ 2. 國中 □ 3. 高中 □ 4. 大學 □ 5. 研究所以上

職業：□ 1. 學生 □ 2. 軍公教 □ 3. 服務 □ 4. 金融 □ 5. 製造 □ 6. 資訊

　　　□ 7. 傳播 □ 8. 自由業 □ 9. 農漁牧 □ 10. 家管 □ 11. 退休

　　　□ 12. 其他＿＿＿＿＿＿＿＿＿＿＿＿＿＿＿＿＿＿＿＿

您從何種方式得知本書消息？

　　　□ 1. 書店 □ 2. 網路 □ 3. 報紙 □ 4. 雜誌 □ 5. 廣播 □ 6. 電視

　　　□ 7. 親友推薦 □ 8. 其他＿＿＿＿＿＿＿＿＿＿＿＿＿＿

您通常以何種方式購書？

　　　□ 1. 書店 □ 2. 網路 □ 3. 傳真訂購 □ 4. 郵局劃撥 □ 5. 其他＿＿＿＿

您喜歡閱讀那些類別的書籍？

　　　□ 1. 財經商業 □ 2. 自然科學 □ 3. 歷史 □ 4. 法律 □ 5. 文學

　　　□ 6. 休閒旅遊 □ 7. 小說 □ 8. 人物傳記 □ 9. 生活、勵志 □ 10. 其他

對我們的建議：＿＿＿＿＿＿＿＿＿＿＿＿＿＿＿＿＿＿＿＿＿

＿＿＿＿＿＿＿＿＿＿＿＿＿＿＿＿＿＿＿＿＿＿＿＿＿＿＿＿＿

＿＿＿＿＿＿＿＿＿＿＿＿＿＿＿＿＿＿＿＿＿＿＿＿＿＿＿＿＿